最受欢迎的家庭新特蔬菜种植50例

园艺·家

赵晶 / 主编

中国农业出版社

第一章
我们身边的新特蔬菜

第二章
新特蔬菜的种植技巧

第三章
野菜家种

第四章
药食两用蔬菜

第五章
地方特色蔬菜

第六章
新奇果蔬

第七章
可食优美观赏菜及香草

APPENDIX
附录

第一章

我们身边的新特蔬菜

谁说蔬菜就该中规中矩？绿色蔬菜再怎么环保养眼，哪里比得上五颜六色、形态各异的新特蔬菜更丰富艳丽，让人垂涎欲滴呢！随着人们生活水平的提高，普通蔬菜已经无法满足人们对饮食文化的更高要求，而奇特的蔬菜更能满足人们的好奇心理和消费欲望。于是，作为营养价值高、美观奇特而且少见的蔬菜特殊品种便悄然兴起于市场。紫色生菜、五彩番茄、红皮红心萝卜、蟠桃形辣椒……还有既可观赏又可食用的黄花、土人参、露草等，各种各样的“另类”蔬菜，挑战我们的想象！还等什么，赶紧翻开本书，看看到底有哪些新奇的蔬菜，看看它们到底是怎么种成的吧！

一　什么叫新特蔬菜

顾名思义，新特蔬菜就是新奇特殊的蔬菜，简称特菜。我们所说的特菜有二层含义。一种是狭义的，意指特殊和稀少。狭义的特菜又称稀特蔬菜，指很稀少罕见的品种。目前很多特菜的栽培是非常零星的，但随着时间的推移和环境的改变，随着大家的逐渐接受，从特菜会渐渐变成普通的大众蔬菜。这里要注意的是：有些菜在某地是大众蔬菜，但到了另外一地则成了特菜，比如红菜薹，在湖北家喻户晓，只要是蔬菜种植户，没有不种它的，但是到了其他地方，之前，因环境的局限种植困难，就成了特菜。

新特蔬菜的另一层含义是广义的，它包含了第一层含义的新、奇、稀少，不同的是，这类特菜的奇特、新鲜和稀少是因为它们是人们通过科学研究杂交出来的品种。这类品种不属于某一地方的特产，而属于科学范畴的特产蔬菜。它们往往需要通过很长时间的试种，才能大面积推广种植，目前尚未普及。由于价格和品种奇特的原因，它们也同样被称为稀特蔬菜。

特菜除了杂交品种之外，也有很多是国外引进的品种。无论是国外引进还是本国通过杂交而得出的品种，都具有和普通蔬菜不一样的明显特征。比如飞碟瓜、观赏香炉瓜、彩色小番茄，等等。这些特菜的特点是颜色好看，营养价值较高，且很多都具有不错的观赏价值。比如香炉瓜就是植物园用来观赏的。还有一种比较奇特的砍瓜，可以让它一边生长，你一边砍着吃。砍下一部分后它随后自己愈合，而且不影响继续生长。

二 新特蔬菜 有什么特点，食用有什么好处

一是颜色五彩缤纷，富于变化。比如五彩椒，一棵辣椒上面同时有紫、浅黄、深黄、橘黄、白、红等多种颜色并存。比如樱桃番茄，小如鸽蛋，色彩上却多种多样，有橙色、红色、粉色、绿色、迷彩色，等等，不胜枚举。还有红叶甜菜、紫色西兰花、紫包菜等，它们的颜色各具特色，五彩缤纷。与普通蔬菜相比，更是特色鲜明，鲜艳夺目。

颜色形状各异的番茄

二是形状新奇可爱。比如西葫芦，有的状如香蕉，金黄灿烂；有的形如皮球，圆润可爱；比如樱桃萝卜、水果黄瓜等，小巧玲珑，惹人怜爱；黄心乌塌菜犹如菊花一朵朵；还有奇形怪状的各色南瓜，更是让人赏心悦目。

三是产量高，口味佳。比如特长丝瓜长达2米；特大南瓜大如脸盆；中熟大白苦瓜个大结瓜多。很多特菜还具有独特的口感。如婆罗门参，经过几次霜冻后其海鲜味道非常浓郁，这种味道只有我们在吃牡蛎的时候才能享受到，而如今在蔬菜中也能找到这一近似的口味。还有很多特菜的脆嫩和甜度也是普通蔬菜不可比拟的。比如杂交后生产的西瓜，不仅无籽而且甜度也很高，等等。

四是具有很高的药用价值。很多特菜都具有药疗保健作用，食用有益健康。如黄秋葵的补肾效果显著；紫背菜有黄酮甙成分，可用于治疗咳血、血崩、血气亏、缺铁性贫血等疾病。

五是特菜队伍的成员中还有不少野菜的身影。其实很多野菜在当地是一种流行

蔬菜。比如马兰头，在长江中下游一带是可以上正席的名菜；比如水芹菜，南方很多人都喜欢吃，菜市场也有得卖；还有不少野菜具有一定的药用价值，很多朋友日常都在食用，比如车前草、鱼腥草，等等。

三 新特蔬菜的分类

新特蔬菜可以按照蔬菜类型分为叶类特菜、瓜果类特菜、根类特菜，等等。但本书中为了便于分类管理和理解记忆，将新特蔬菜按照功能和特点的不同划分为五大类，分别是野菜类、药食两用类、地方特色品种、新鲜奇特品种和可食优美观赏品种及香草类。

这个划分标准有一定的侧重点，但又不是绝对的。比如很多野菜也有一定的药用价值，例如蒲公英、荠菜；有些新特蔬果也具有极佳的观赏价值，例如蟠桃椒、五彩番茄、微型南瓜、水果玉米等。

这五大类中，每类附上10种蔬菜的种植方法，旨在让读者举一反三，触类旁通，掌握一些基本蔬菜类型的种植方法，比如叶类菜一般生长期较短，对水分需求较多，肥料以氮肥为主，果实类蔬菜则生长周期较长，对光照要求更严格，除了氮肥，还需要一些磷肥和钾肥。

黄花即可观赏又可食用

益母草的花非常美丽

四 新特蔬菜品种附录

瓜类特菜:

南瓜 橘瓜、玩具南瓜、金童南瓜、玉女南瓜、奖杯南瓜、稀奇南瓜、青春豆南瓜、宝玉南瓜、上帝南瓜、玩偶南瓜、福星南瓜、寿星南瓜、顽皮南瓜、亚军南瓜、丑小鸭南瓜、鱼翅南瓜、龙凤南瓜、仿古南瓜、迷你小南瓜、哑铃南瓜、墨绿宝南瓜、季军南瓜、小金橘(橙色迷你圆形小南瓜)、黄灯笼(迷你观赏小南瓜)、小贝贝迷你南瓜、美国进口超巨型南瓜等。

丝瓜 特长丝瓜、棱角丝瓜、金丝瓜、蛇瓜、早熟香丝瓜、长绿丝瓜(蛇形)等。

苦瓜 黑苦瓜、小苦瓜、中国农科院绿龙苦瓜、中熟大白苦瓜等。

观赏葫芦 极小兵丹葫芦、长柄葫芦、仙壶葫芦、天鹅葫芦、鹤首葫芦等。

西葫芦 香蕉西葫芦、黑皮西葫芦、金珠(极早熟圆形黄皮西葫芦)、金榜(珍品黄皮西葫芦)等。

黄瓜 韩国水果黄瓜、美国进口拇指黄瓜、进口苹果黄瓜、妃子果柠檬黄瓜、黛玉(法国进口白绿色无刺水果黄瓜)、金童(高档超小水果黄瓜)、玉女(超小水果黄瓜)等。

其他 砍瓜、变色瓜、迷你小冬瓜、佛手瓜、刺猬瓜、飞碟瓜、爬瓜、微型迷你小西瓜、精品绿条纹飞碟瓜、短袖早瓠瓜F1金佰利(日本进口新型厚皮甜瓜)等。

茄果类特菜:

茄子 白雪公主白长茄、紫露珠(进口彩色茄子)、紫苏彩色茄子、黑白条纹茄子、乌龙3号茄子(高产绿色长茄品种)等。

番茄

黑宝石（美国进口）、荷兰进口葡萄番茄、进口罗马番茄、荷兰进口柠檬番茄、月光美人（白色樱桃番茄）、冬珊瑚番茄、黄圣果番茄、棕圣果番茄、香蕉番茄、红珍珠番茄、黄洋梨番茄、紫珍珠番茄、黄一点红番茄、红五彩番茄、绿五彩番茄、黄五彩番茄等。

黄洋梨樱桃番茄　　紫珍珠樱桃番茄

辣椒

食用辣椒

白王子（荷兰进口白色彩椒）、慕白（进口白色小辣椒）、京彩白星2号（中熟白色方椒）、京彩紫星2号（紫色辣椒）、五彩甜椒、黄太极、黄妃、黄星三号、红将军、红太极、白星二号、紫龙、长剑、牛角椒、南韩金塔、超级二金条、白甜椒等。

观赏辣椒

紫弹头、葡萄球果、黄飞碟、黄李子、小玉坠、橄榄果、玲珑果、红玛瑙、小蜡烛、小火炬、满天星、番茄椒、黄菊蕾、小皇冠、细线椒、风铃椒、黑皮小指天椒、黑珍珠、红枣辣椒、幸运星、紫龙、五彩椒、白玉、七姐妹、南瓜椒、黄线椒、朝天椒、小米粒椒等。

国外辣椒

红罗丹、凯瑟林、曼迪、斯特灵、巴莱姆、斯马特、桔西亚、匹诺曹、鬼椒、彼得椒、黄色牙买加、罗兰等。

超级二金条辣椒

红灯笼辣椒好看又好吃

白菜类特菜（含大白菜、小白菜、花菜、包菜等）：

白菜

奶油白菜、金特娇（韩国进口早熟黄心娃娃菜）、金娃娃（韩国进口早熟娃娃菜）、金玉满园（黄心乌塌菜）、菊花心、乌塌菜等。

花菜

金色花菜（黄色菜花）、富贵塔（法国进口宝塔菜花）、绿宝塔（绿色宝塔菜花）、紫荆花（紫色西兰花）、白色菜花、黄色菜花等。

包菜

绿色羽衣甘蓝、紫色苤兰、荷兰进口紫色水果苤蓝、意大利皱叶泡泡甘蓝、荷兰进口抱子甘蓝、紫宝石（荷兰进口紫甘蓝）、紫光紫甘蓝、京冠白1号（皱叶羽衣甘蓝）、京莲红2号（皱叶羽衣甘蓝）、京羽白1号（羽叶羽衣甘蓝浅黄心）、京莲白2号（圆叶羽衣甘蓝、白色红心）、日本进口水果甘蓝等。

芥蓝

西洋芥兰、紫霞仙子（紫花芥兰）等。

绿叶菜类特菜

紫色油麦菜、紫叶生菜、紫油麦菜、花叶苦苣、红叶甜菜、兰香菜、风轮菜、欧洲面包菊苣、叶用红菊苣、进口金叶甜菜、香豆子（保健叶宝菜）、京苋一号红苋菜、新西兰菠菜、泰国产竹叶空心菜、特选包心大芥菜、香脆苦苣、细叶苦苣、罗莎紫叶生菜、叶用红甜菜（红牛皮菜）、紫冠（进口紫色生菜）、京水菜、独行菜、紫叶甜菜（红梗红叶叶用甜菜）、金叶甜菜（金黄梗）、叶用甜菜叶甜一号（红梗）、软化白菊苣吉康一号、冬寒菜等。

紫油麦菜　　彩凤尾油麦菜

芳香类特菜

红根芹菜、根芹、欧香（德国进口球茎茴香）、欧洲香芹、罗勒（九层塔）、紫苏、白苏、香苏、香蜂草等。

根茎类特菜

迷你小红薯、樱桃白萝卜、樱桃红萝卜、紫太阳（进口紫黑色胡萝卜）、彩虹（进口彩色胡萝卜）、艾克生（进口根用甜菜）、西洋齐头黄、特级荷兰红星（荷兰进口水果萝卜）、迷你小丸子微型胡萝卜、纤指一号指型迷你胡萝卜、京脆1号水果萝卜、玉笋萝卜、欧防一号（白色胡萝卜）、山药等。

野菜类特菜

蒲公英、菊花脑、扫帚菜、车前草、益母草、蕨菜、柠檬香茅、木本菠菜、鱼腥草、柳蒿、补血菜（紫背菜）、苦麻菜、刺儿菜、长命菜、菜用枸杞、芝麻菜、豆瓣菜、面条菜、救心菜（景天三七）、长命菜、荠菜、马齿苋、马兰头、水芹菜、曲麻菜、荷兰马齿苋、土人参、食用穿心莲、富贵菜、珍珠菜、灰灰菜、阿拉伯婆婆纳、紫花地丁等。

其他特菜

黄花、金针花、红秋葵、黄秋葵、FY800美国进口芦笋、紫色激情(美国进口紫色芦笋)、黄菇娘、枸杞、香椿等。

紫花地丁
阿拉伯婆婆纳
苦麻菜
红秋葵
香椿芽

第二章

新特蔬菜的种植技巧

新特蔬菜，因为是新鲜事物，关于它们的种植技巧很多人还是没能完全掌握，没关系，让我们一起探索，一起去熟悉它们的“脾气”与习性，更好地和它们“互动”，让它们能早日进入我们的日常餐桌。

一 新特蔬菜与常规蔬菜的种植有什么区别

从本质上说，新特蔬菜也是蔬菜，除了外观颜色与常规蔬菜有所不同，其种植方法是大同小异的，甚至有的新特蔬菜比常规蔬菜还要好种，适应性更强。

比如新特蔬菜中的野菜类，它们本来生长在山间、野外或田边，饱受风吹雨淋，因此生命力格外顽强，它们对土壤肥水都不挑剔，对寒热天气皆能适应，家庭种植的话，稍微给点照顾就能长得很好。

另外，新特蔬菜中的叶类菜也特别好种，只要种对了季节，它们生长速度快，绝对属于“给点阳光就灿烂”的类型。

果实类新特蔬菜由于生长期较长，各阶段对肥水温度的要求各不相同，因此种植起来要稍微费点心思，但是也并非“难不可及”，只要掌握一些基本的种植技巧，并通过一定的实践锻炼，您也能轻松种植新特瓜果。

如果您是种菜新手，建议您先从叶类新特蔬菜种起，这样有助于培养动手能力和增强信心。

好种的叶类新特蔬菜

二 种植前的必要准备

1. 土壤

1.1 土壤的类型

土壤主要分为壤土、沙壤土和黏壤土。

土壤的基本成分是沙子、黏土和腐殖质。腐殖质就是动植物残体腐化分解后形成的物质，在山上树木繁茂，泥土肥厚的地方，拨开表面的落叶，底下一层黑色纤维状的土就是腐殖质。

沙子、黏土与腐殖质含量相等的土壤叫壤土，这是理想的种植土壤，这种土壤具有良好的排水性、保水性和透气性，并富含瓜果蔬菜生长所需的养分。

含沙子较多的土壤叫沙壤土；含黏土较多的土壤叫黏壤土；含腐殖质较多的土壤叫腐殖土。

1.2 我国各地土壤的特点

我国地大物博，各地由于气候和地形的不同，土壤特点也各不相同。海南岛、云南、广西、广东以及福建等地的土壤多呈砖红或红色，质地较黏重，肥力较差，呈酸性。长江以南的中东部地区，土壤呈红色和黄色，腐殖质少，土性较黏。长江以北的淮河流域和山东半岛、辽东半岛土壤呈棕色，弱酸性，自然肥力比较高。东北土壤呈深棕色（黑土地）表层有较丰富的有机质，腐殖质的积累量多，是比较肥沃的土壤。

1.3 种植土壤的基本要求

虽然各种蔬菜对养分的需求量，耐酸、碱的程度，排水通气等要求不尽相同，配制的方法也有所不同，但都对种植土壤有以下几个基本要求：

- ◆具有适当比例的养分。
- ◆疏松、通气及排水良好。
- ◆能保湿保肥、干燥时不龟裂、潮湿时不黏结、浇水后不结皮。
- ◆无危害蔬菜生长的病虫害和其他杂质，黏虫卵、虫蛹、野草种子等。
- ◆没有草根、石砾等杂物，并经过过筛和消毒。

小提示 土壤消毒的方法

1. **暴晒消毒** 将土壤翻开摊平，在阳光下暴晒3~5天。
2. **火烧消毒** 盆插、盆播用的少量土壤，可放入铁锅或铁板上加火烧灼，待土粒变干后再烧半小时；在露地苗床上，将干柴草平铺在田面上点燃，待燃烧完成自行熄灭，不但有消毒效果，草木灰还能成为很好的养分。

1.4 培养土的原料有哪些

用来配制培养土的原料比较多，常用的有以下几种：

腐叶土

由落叶、枯草、菜皮等堆积发酵腐熟而成。这种培养土具有丰富的腐殖质，有利保肥及排水，土质疏松偏酸性。在树林茂密的地方，脚下一层厚厚的黑土就是腐叶土。挖一些回家就可以使用了。

厩肥土

厩肥是牛粪、马粪、猪粪、羊粪、禽粪埋入园土中经过堆积发酵腐熟而成，腐熟后也要晒干和过筛以后使用，含有丰富养分及腐殖质。这种土一般来源于养殖场或农场附近。

园土和田泥

园土、田泥是指园内或大田的表土，也就是栽培过作物的熟土。收集回来经过消毒就可以直接使用。

塘泥

塘泥在南方应用较多。是把池塘泥挖出来晒干后收贮备用，用时将泥块打碎，它的优点是肥分多，排水性能好，呈中性或微碱性。

草木灰

草木灰主要是稻草、谷壳、树叶、木头等烧成的灰，也称砻糠灰，起疏松土壤的作用，利于排水，含钾肥，偏碱性。

黄沙

一般用河沙作培养土，有利于排水通气，用前需以清水淘洗，除去盐质后使用。

1.5 基础土壤的配置方法

几种适应不同蔬菜需要的培养土配制方法如下：

播种用土：

配方一 60%腐叶土+30%园土+5%厩肥+5%沙

配方二 30%腐叶土+30%园土+30%砻糠灰+10%厩肥

定植用土：

配方一 30%腐叶土+40%园土+15%砻糠灰+15%厩肥土

配方二 35%腐叶土+50%园土+15%厩肥土

若是直接在大田种植，无须定植的蔬菜，则使用播种用土，但是在较深处先埋入一些厩肥，然后再铺播种用土。

1.6 如何翻耕整地

第一步：翻耕

不管是开辟新的菜园还是在收获后准备种植新的蔬菜，都需要翻耕土壤。用铁锹将土壤挖起，深度至少20厘米。挖起后将深层的土壤翻在上面晾晒，而原先的表土则埋入地下。

第二步：捣碎

将土块捣碎，用耙理出一块一块的菜畦。菜畦要高出地面15~20厘米，这样不会积水。遇到大的石头或较硬的土块，应该拣出来扔掉。若是固体底肥，此时可以将肥料捣碎与土壤混合均匀。

第三步：耙匀

把菜畦表面耙平整，不要有坑坑洼洼。如果是用容器种植蔬菜，就统一把土块捣碎翻匀，然后集中储存备用。

小提示

一季蔬菜收割后，不要把瓜果蔬菜的残梗留在地面，以免害虫在上面产卵，要尽快在地里撒上粪肥、少量石灰粉，然后将肥料和蔬菜残梗一同翻耕入土。

1.7 合理安排轮作

为保证土壤的肥力并减少病虫害，当年种植过某一种或某一科蔬菜的菜地或土壤，下一年应该轮换种植其他品种或科目的菜。轮作的周期视不同情况而定，例如需相隔2~3年的有土豆、山药、姜、黄瓜、辣椒等；需隔3~4年的有芋头、大白菜、各类番茄、茄子、冬瓜、豌豆、香菜等。一般蔬菜间隔一年即可。当然，轮作的间隔时间越长越好。

为了更直观更快速地掌握轮作技巧，我们将新特蔬菜分为叶菜类（如荠菜、冬寒菜、紫背菜、泡泡青、芝麻菜、紫油麦菜等）、茄果类（五彩番茄、黄灯笼辣椒、黄菇娘、黄秋葵等）、瓜类（白马王子黄瓜、香蕉瓜、微型南瓜等）、根菜类（胭脂萝卜、杨花萝卜等）及豆类（无架扁豆、荷兰豆等）五大类，用表格的形式告诉你怎样轮作：

年次	第一年	第二年	第三年	第四年	第五年
地块1	叶菜类	茄果类	瓜类	根菜类	豆类
地块2	茄果类	瓜类	根菜类	豆类	叶菜类
地块3	瓜类	根菜类	豆类	叶菜类	茄果类
地块4	根菜类	豆类	叶菜类	茄果类	瓜类
地块5	豆类	叶菜类	茄果类	瓜类	根菜类

小提示

如果担心自己记不住去年种了些什么，可以按照上面的表格格式制作一张空白表格，将每年自己种的蔬菜填写上去，第二年对照一看，就不会弄混啦！

年次	第一年	第二年	第三年	第四年	第五年
地块 1					
地块 2					
地块 3					
地块 4					
地块 5					

1.8 如何小面积套种

家庭种菜由于土地有限，要种的品种也比较多，一块地单种一个品种不现实也不可能，所以就需要学会将一种菜或者几种菜混种在一起，民间叫“花着种”，书上称“套种”。套种方法主要有以下几个：

（1）快慢菜套种

就是将生长期长和生长期短的菜套种。比如奶油生菜是速生菜，小苗移植后，水肥管理得好，20天以后就可以采摘食用，而紫包菜则需要三个月以上的生长期。将奶油生菜和紫包菜套种，这样紫包菜前期占地不大时，奶油生菜可以很好地生长，等到紫包菜长大时，奶油生菜已经采摘完毕，互不影响。另外油麦菜和荷兰豆、小白菜和大蒜、生菜和大白菜都是很好的套种搭配。

（2）高低菜套种

就是将高的品种和低的品种套种。比如在白马王子黄瓜、微型南瓜等爬藤的蔬菜中间，稀稀地撒一些紫生菜、紫油麦菜等，它们会很好地和睦相处，各取所需，叶类菜吃完了，爬藤蔬菜也长大了。还可以在玉米地里种上喜阴的绿叶菜。

2. 肥料

除了阳光和水分，蔬菜的生长还离不开各种营养素，如氮、磷、钾等元素及少量微量元素。含有这些元素并能被蔬菜吸收的物质，就叫肥料。

2.1 什么是有机肥料

我们经常使用的肥料分为无机肥料和有机肥料。无机肥料就是通常所说的化肥。化肥是用化学和（或）物理方法人工制成的含有一种或几种农作物生长需要的营养元素的肥料。而有机肥料是由天然有机质经微生物分解或发酵而生成的一类肥料，俗称农家肥。

化肥虽然见效快，蔬菜长得快，但是品质和口味却要差很多。而且化肥会残留酸根或盐根，将土地变成酸性或碱性，妨碍蔬菜的生长。同时，过多使用化肥的蔬菜病虫害也较多，这也间接导致了农药的过多使用。

有机肥的原料来源广，数量大；养分全，含量低；肥效迟但持续时间长，须经微生物分解转化后才能为植物所吸收；能让土壤越来越肥沃，种出的蔬菜滋味也更纯正。

我们在家庭小面积种菜，追求的就是快乐和健康，并不和经济效益挂钩，因此，使用安全有效的有机肥料才是最佳选择。

2.2 常见的有机肥料

蔬菜生长过程中，需要最多的就是氮、磷、钾三种元素，还有一些微量元素。氮、磷、钾元素粗略来讲分别对应蔬菜的叶、根、茎三部分。氮是植物生长的必需养分，充足的氮肥能够让蔬菜叶子茂盛、碧绿喜人。磷能促进蔬菜根系生长，并在结果期促进果实生长发育。钾能促进新陈代谢，增强植物对各种不良状况的忍受能力，如干旱、低温、病虫危害、倒伏等。

常见的有机肥料如下：

含氮量高的肥料 人粪尿和各种厩肥、堆肥、饼肥等。

含钾量高的肥料 羊粪、草木灰、淘米水、剩茶叶水等。

含磷量高的肥料 鸟粪、禽粪、动物骨骼、鱼鳞、鱼刺、蛋壳等。

含有多种微量元素的天然肥料 落叶、干草、天然矿石粉和海藻等。

饼肥

干禽粪

2.3 肥料来源

猪粪、牛粪、马粪、鸽子粪、鸡粪等粪肥是最佳的肥料来源，不仅肥效高，而且能够让土地越来越肥沃，种出的菜滋味也好。这类肥料只能从养殖场获得，来源非常有限，因此只适合少部分有条件的朋友获得和使用。

此外，农艺市场上及网络上有各种专用有机肥料出售，包括饼肥、鸡粪、蚯蚓粪、骨粉等，这些肥料多经过干燥消毒处理，基本没有异味，非常适合家庭使用。但是如果种植量较大，那么肥料也是一笔相当大的开销，因此家庭自制有机肥也成为了一个主要的肥料来源。

2.4家庭自制三类有机肥

家庭自制有机肥，不但节省种菜成本，取用方便，而且还能减少生活垃圾，为绿色环保尽自己的一份力。下面给大家介绍三种有机肥的制作方法：

（1）综合厨余肥

将厨房内的废菜叶、瓜果皮、鸡和鱼的内脏、鱼鳞碎骨、蛋壳及霉变食物（花生、瓜子、豆子等）放入能够密封的玻璃瓶或塑料瓶中，加人尿或淘米水、茶叶水，盖严，经2~3个月发酵熟腐成黑色后即可使用。夏季温度高，时间可缩短为15天左右。使用时取其上部清液加水稀释，用作追肥。然后再加入清水，过一段时间又可使用。这种厨余综合肥的养分丰富，氮磷钾及各种微量元素都基本具备，可以说是一肥在手，追肥无忧。

综合厨余肥

（2）豆渣肥

现在许多家庭都有豆浆机，几乎每天早上都打豆浆喝。剩余的豆渣直接扔掉，着实可惜。其实豆渣是一种上佳氮肥，无碱性，含有相当一部分蛋白质、多种维生素和碳水化合物等。将豆渣装入容器，加入2倍清水发酵后，可作肥料使用。发酵时间夏季约10天左右，春秋季约20天左右，冬季需要2个月以上。使用时加入10倍的清水混合均匀来浇菜，效果非常不错。也可以将豆渣铺在蔬菜的间隙中，让其中的养分慢慢渗入土壤而被蔬菜吸收。切不可让豆渣直接接触蔬菜的根系，这样会烧根。

（3）绿肥

取少量骨粉与草木灰放入缸或罐内，加上菜叶或树叶、青草及一倍的水，经20~40天腐熟后，捞出渣滓即可直接使用。剩余的液肥再补充菜叶和水，沤制成肥液继续使用。这种肥，肥效高，见效快。

豆渣肥　　绿肥

小提示　制作厨余肥要注意哪些问题

1. 含有盐及油的食物不要倒入厨余容器中，盐对蔬菜的生长不利。
2. 体积比较大的厨余，例如菜叶、瓜皮等，最好先切成小块再放入容器，这样会缩短沤制的时间。
3. 5升装的食用油壶是制作综合厨余肥的最佳容器，不仅密封性好，而且容量大，又可随时观察肥料的腐熟情况，唯一缺点是壶口较小。
4. 沤制厨余的容器要放在阴凉处，切不可在太阳下暴晒，以免温度过高，气体膨胀，将容器胀破。同样的原因，厨余也不要装得太满，一般装2/3就差不多了。

3. 种植容器

拥有大田和庭院的朋友可以直接在土壤里种植，这是最好不过的了。天台如果土壤充足，可以用砖头砌个20厘米高的大池子，里面填满土来种菜。但是当天台土壤不足或在阳台种菜的时候，就需要将土壤装在容器里了。容器种菜的好处很多，一是节约土壤，二是方便搬动和管理，三是不会破坏地面或防水层。

几乎任何类型的容器都可以用来种菜，只要它足够坚固、能提供足够的空间和具备排水通道。市面上出售的各类花盆也都可以用来种菜，尤以土陶盆为佳，便宜实用。

除此之外，许多生活中的器物经过改装都可利用，如有点裂缝的脸盆、食用油桶、蛋糕盒、泡沫箱、木箱、提桶、铝皮箱、镀锌铁皮箱、坛子、食品罐，甚至浴盆、轮胎、麻袋、烧烤盘等都可以拿来种菜。家里用过的一次性塑料杯、塑料碗、酸奶杯、小饮料瓶等，都适合播种和育苗，无需专门购买，既环保又方便。

总之，只要是家里用不着而又耐水耐腐蚀的容器，都可以拿来种菜。但是需要注意以下几点：

（1）排水孔

容器的排水十分关键。排水不良，植物根系容易窒息腐烂。所以无论选用何种容器栽种蔬菜，都必须保证底部有排水孔，能够通畅排水。市场上购买的花盆或长条菜盆等专业容器，底部都有排水孔。若是自制容器，则一定要在底部扎几个小洞用于排水。

泡沫箱种菜

菜池种菜

（2）材质

陶盆、瓷盆、紫砂盆比较重，尽量种植一些不需要经常搬动的蔬菜，不然会加重工作量。塑料容器不要放在窗边和阳台边缘，因为塑料器皿重量轻，易被风吹倒，坠落伤人。不要用经过高压处理的木制容器，因为高压处理过程中加入了化学防腐剂，会毒害植物。如果自制木制容器，最好使用抗腐蚀木材，如松木、杉木等。另外，陶制和木制容器比塑料容器水份蒸发快，要适当多浇些水。

（3）颜色

容器慎用黑色，因为黑色吸热，炎热的夏天有可能损害植物根系。其他颜色可以自由选择。

（4）尺寸

种菜的容器宁大勿小，尤其要注意根据蔬菜特点选择深度合适的容器。大点的容器不仅有充裕的地方容纳肥料，而且蓄水量也大，夏季不会很快干涸。一般的速生绿叶菜根系较浅，10~15厘米深的容器就足够了，而豆类、瓜类、茄果类和根类蔬菜，都尽量选择深一些的容器，最好能在20厘米以上。

（5）垫盆

大多数成品花盆的排水孔都比较大，为避免浇水时泥土流失，需要在正式种植前进行垫盆，即用碎的花盆片、瓦片、粗沙砾、小石子或纱网覆盖住排水孔，要求既挡住土壤，又能顺畅排水。

各种容器种植的蔬菜

4. 水源

如果有条件，江水、湖水、塘水和井水都非常适合浇菜。家庭尽量多准备一些蓄水的工具，例如盆、桶、缸等，用来接雨水或储存家庭废水。没有自然水源的地方就用自来水，放置一段时间的自来水浇菜会更好。平时家里的洗米水、洗菜水、洗肉洗鱼水，都能用来给菜浇水。但是含油的洗碗水和含化学制剂的洗澡水就不要浇菜了，以免造成污染。

5. 必备的种植工具

种植工具

种植工具

一把小锄头 这是一件多功能的工具，可以用来翻土、锄草。

一只小铲子 用来移栽。

一把小耙子 用来把土面耙得平整。

一只喷水壶 用来浇水和喷洒药液。

一把剪刀 用于修剪整枝和采摘蔬菜。

劳保用具

一条围裙、一双套袖 避免水肥弄脏衣服。

劳保用具

一双菜园专用鞋 避免将鞋子弄脏或泥土带回家。

一顶帽子 保护面部避免太阳晒伤。

一双粗布手套和一双塑胶手套 保护双手，以免弄脏或受伤。

上面这些工具，您都可以在花卉商店或超市买到。当然，在网上购买也是个不错的选择。此外，还有一些使用频率不是那么高，但又必不可少的用具，例如：

搭架材料 有些瓜果类蔬菜需要搭架和支撑，比如四季豆、苦瓜、黄瓜等爬藤蔬菜需要搭架，番茄、茄子、辣椒等蔬菜需要支撑，所以要准备一捆竹竿，一些长短粗细不一的小木棍，一卷绳索用来做搭架支撑的材料。

薄膜 有些菜在幼苗期比较怕冷，需要覆盖薄膜保温。有些冬天无法搬进屋子里的菜，也需要进行一定的保温措施。在农资商店有专门的塑料薄膜出售，各种宽度都有，长度可以根据需要截取。如果是用小花盆或一次性杯子作为育苗容器，则套上透明的塑料袋然后扎紧底部就可以了。

蓄水工具 家里的塑料桶、大缸、大铁皮桶等都可以拿来存放家里的洗米洗菜水，在需要的时候用来浇菜，不仅节约，而且环保。

6. 种子和种苗

土壤、肥料、水源、容器和工具都确定和准备妥当后，就可以开始准备种子或种苗了，种子或种苗的获得途径主要有几下方面：

（1）购买

就新特蔬菜来说，因为种植并未普及，而实体种子店多以经营常规蔬菜品种为主，所以许多种子在实体店买不到，因此，网购就成为了最佳选择。在淘宝网搜索“特菜种子”，会出现许多店铺和产品，各式各样的新奇蔬菜应有尽有，任君选择，有的蔬菜种子甚至是论粒卖，很符合“家庭菜园”小规模种植的需求。

但是网上商品质量良莠不齐，黑心商家屡见不鲜，要注意哪些问题，才能购买到既实惠又放心的种子呢？

首先，要选择信誉好的店铺。

看种子商店的信誉评分及其他买家的评论，如果大部分评论是很好的，那么这家店的种子就可以购买。也可以请在网络上购买过种子的朋友为你推荐店家，这样会更放心可靠。

其次，细看种子的详细说明。

袋装种子要看厂家、保质期等，如果是散装种子，则要看清楚店家的商品描述。尽量选择适合当地气候及当时季节的蔬菜。对于一些太过新奇而昂贵的品种，最好不要轻易购买。

最后，按需购买。

不要为了摊薄运费而购买一些根本不需要或者没地方种植的种子。因为种子是有一定有效期的，一般保存期为1~2年，过期的种子发芽率低或根本不发芽，只有扔掉，无形之中反而造成了浪费。最好购买当季就能种植的种子。

除了种子，有些新特蔬菜，例如紫背菜、富贵菜等不开花结籽，因此只能购买种苗或扦插枝条。购买种苗以春秋两季为佳，并且一定要考虑路途的远近，基本上超过三天的路程就不适宜网购了，同时要提醒卖家进行保鲜包装，以保证种苗的成活。

购买袋装种子

（2）分享

俗话说，独乐乐不如众乐乐，QQ网友、论坛朋友、博客朋友等互相分享好品种或新品种，也是一个不错的品种来源。这样不但使种植者获得了一些平常根本见不到或买不到的品种，而且还增进了朋友之间的感情与交流，益处多多。但是分享要注意南北方的气候差异，许多适宜当地种植的种子到了其他地方就可能不发芽或生长不良，尽量以同纬度地区内交换分享为好。

分享蔬菜种子

（3）自留种

如果您是第一次种植某个品种的新特蔬菜，那么就只能选择购买或者分享的方式。不过当您已经成功地种植了一季的蔬菜并且取得丰收之后，就可以自己保留种子，这样就可以年年更新，代代相传，来年也不需要再为买种子发愁了。

自己采收的种子

三 新特蔬菜的基本种植步骤

1. 浸种催芽

大部分蔬菜的种子直接埋进土里或者撒在土里就可以发芽了，但有些蔬菜种子需要特别处理才行。如需要提前播种的五彩番茄、黄灯笼椒、白马王子黄瓜等瓜果菜类蔬菜种子，在低温时节发芽较慢，需浸泡种子并将湿润的种子放在温暖的地方促使其发芽。有些需要提前秋播的种子，如奶油生菜、紫包菜等蔬菜，需要浸泡种子并将湿润的种子放在冰箱里“冷藏”几天才能萌发。至于其他蔬菜，为了缩短播种后的出苗时间，并让苗出得整齐，可先用清水浸泡后再播种。

具体的浸种催芽步骤如下：

① 将种子浸泡在清水里并轻轻搅动。

② 当所有种子都吸透了水分沉在容器底部时，将水倒掉（不同的种子充分吸水的时间长短不一）。

③ 将种子包在湿润的纱布里或湿纸巾里，然后放在容器内。

④ 将容器放在温暖的地方或冰箱冷藏室（依据不同品种），注意每天查看喷水，保持纱布湿润但不积水。

⑤ 当大部分种子已经露白或发芽时，再进行播种。

经过催芽后准备播种的种子

2. 播种

播种方式有两种，一种是直接在大田或较大的种植容器内播种，这多适合于一些生长期较短的绿叶蔬菜和不占地方的调味类蔬菜。根类蔬菜由于移栽容易损伤根系，因此也是直接播种。第二种是在小型育苗容器里播种，等长到一定大小再移栽到大田或定植容器中来，这主要适合育苗期比较长的茄果类、瓜类、豆类及甘蓝类蔬菜。

2.1 直接播种

多采用撒播或条播的方式。撒播就是将蔬菜种子直接往土里撒，一般不需要盖土或盖一层薄土。条播就是在土面按一定距离划上浅沟，在沟里均匀地撒上种子，然后覆盖薄土。

如种子太过细小，可与三倍细沙混合均匀后再进行播种，避免撒得疏密不均。播种最好选择无风的天气，播种前浇足底水或者播种后浇透水。

2.2 育苗容器播种

多采用点播的方式，点播也是播种的一种方法，指按一定距离进行开穴，每穴播入一粒或数粒种子，然后用土覆盖。播种后要浇透水。

小提示

播种后的注意事项

关于播种后覆土的厚度，原则上是大种子要多盖一些土，小种子不覆土或者只浅浅盖一层细土，一般覆土厚度为种子宽度的2~3倍。天气暖和时，要埋得深一些，天气寒冷时，要埋得浅一些。

播种后要注意保持土壤湿润，不要让表土变干。一直到发芽期间，每天都要浇水，在干燥和炎热的季节里，一天可能要浇两次或更多次水。

天气比较寒冷时，播种后需要覆盖薄膜或稻草等物进行保温，天热时需要进行遮阴和喷水降温。

3. 育苗

3.1 发芽后的管理

一般来说，种子在15~25℃的温度下比较容易发芽。多数种子在6~20天内会发芽。

刚发芽的幼苗非常娇嫩，需要精心呵护，才能够健康成长。发芽后要保证充足的阳光照射，但是在夏季的中午和下午要避免太阳的暴晒，以免晒蔫或晒死。还要避免大雨的冲淋。幼苗的根很浅，所以一开始，每天要在上午喷一次小水，不要让表土变干。随着幼苗长大，可将浇水次数减少为2~3天一次。覆盖薄膜的小苗需要逐步增加日照和通风，直到完全揭去覆盖物。

撒播或条播的种子，如果发芽后发现一块密一块稀，这主要是撒种子的时候不够均匀造成的，可以用筷子头挑起一些过密的小苗，然后在过稀的地方挖些小坑，将挑起的小苗放进去，并把周围的土稍稍压结实一点。这个过程叫做移苗。

穴播育苗的种子，如果出苗三天后，还有少量穴里没有动静，则需要在这个穴里再补种1~3粒种子。虽然补种的种子比前一批要晚几天，但是等它们长得大一些，差别就不明显了。

点播的黄瓜发芽了

3.2 间苗

随着幼苗逐渐长大，所需要的空间和养分也更多，因此需要拔掉一些幼苗，为其他幼苗留下足够的阳光、水分、肥料和生长空间。采取撒播的蔬菜一般根据需要间苗2~4次，采取穴播的蔬菜根据每穴的播种量间苗1~2次。

间苗

间苗的方式有两种，一种是单纯的间苗，去掉过密的、瘦弱的、不健康的苗，让健壮的苗更好地生长。这种间下来的苗一般没什么用处，如果苗比较大，数量比较多的话，可以洗净作菜。

另一种方法是间拔采收，即将间苗与采收相结合，将生长比较快的、大而壮的苗拔掉食用，让小苗继续生长。间拔采收法一般在苗长得比较大，接近收获期的时候使用，这样做可以延长收获期。

3.3定植（移栽）

前面我们说到过，绿叶菜一般直接种植在大田或大型容器中，因此就省却了定植的步骤。所以定植主要是针对豆类、瓜果类和甘蓝类蔬菜来说的。

具体的定植时机要根据蔬菜的品种特性来，这些在后面会有详细说明，本节只讲述普遍适用的移栽方法与技巧。

定植的具体步骤是：

① 在定植土壤里按一定距离挖好定植穴，定植穴大小具体根据蔬菜根系的发达情况来定，要保证所留空间能让蔬菜根自然伸展开。

② 洒点水，把育苗碗里的土润湿。

③ 用筷子或螺丝刀把菜苗根部周围的土壤松动一下，然后一手捏住菜苗的茎，另一手用小铲子将幼苗连根铲起。

④ 将菜苗放进定植穴中央，一手将菜苗轻轻提起，不要让根挤作一团，而要自然的伸展开，另一只手加土至盖住菜苗的根上2厘米左右，并将土压实。

⑤ 给刚定植的菜苗浇透水，如果是定植到容器中，则要放到荫蔽处缓苗3~5天。若是定植在大田中，则必须注意天气预报，选择连续几天阴雨天气之前定植。若定植后碰上连晴，则要进行适当遮阴，并保证每天浇水。

⑥ 当蔬菜叶子变得硬挺，且有生长迹象时，就可以让它们晒太阳和追肥了。

定植

四 新特蔬菜的管理技巧

1. 施肥就这几招

1.1 施肥的原则

施肥最重要的原则是，必须施腐熟的肥料。前面我们说过的各类粪肥、厨余肥、豆渣等，虽然富含蔬菜所需的营养元素，但不能直接使用，因为这些物质未经发酵即直接埋入盆内，遇水分进行发酵会产生高温和有害气体，伤害蔬菜根系，加上微生物的分解活动，造成土壤缺氧，致使蔬菜死亡。同时未腐熟肥料在发酵时还会产生臭味，招来蝇类产卵，蛆虫也能咬伤根系，为害蔬菜生长，臭味还会污染环境，引来邻居或家人的不满。所以种菜一定要注意施用充分腐熟的肥料。

肥料必须充分腐熟才能施用

此外，施肥还要适量，并非越多越好。有的朋友种出的青菜看着又肥又大，但是吃到嘴里却口感粗糙，还有些发苦，这主要是由于氮肥过量施用造成的。氮肥过量还会导致瓜果及根类蔬菜枝叶徒长，结果迟或根部发育不良。所以氮肥要按需施肥，不可一味求多。磷肥和钾肥由于本身用量就较少，一般不会被过度使用。

1.2 各种肥料的需求量：氮最多，磷钾次之

一般来说，蔬菜对各类的肥料的需求是以氮肥最多，其次磷和钾，微量元素只需要很少的量就可以了。因此蔬菜施肥以各类粪肥和饼肥为主，混入一些草木灰和禽粪，就基本可以满足需要了。

土壤的配方里本身就含有一定的营养物质，因此肥沃的土壤可以少施肥，较贫瘠的土壤需要多施肥，改善肥力。

1.3 不同类型蔬菜对肥料的需求不同

绿叶菜以收获枝叶为主，充足氮肥能够使蔬菜长势快，枝叶茂盛，叶片厚绿肥嫩。

根类蔬菜，如萝卜、胡萝卜、土豆、根用甘薯在苗期，不能施太多的氮肥，不然会使枝叶徒长，根却不长大。待枝叶长

肥嫩绿叶菜

成后可以追施钾肥和磷肥。磷肥能促进根系生长，钾肥能促进糖分和淀粉的制造和储存。土豆在开花前后，如果多施钾肥，能使土豆更加香糯。根用甘薯，如果多施钾肥，能使甘薯更甜。

茄果、瓜类如果基肥不足，在生长期间可以追施氮肥，以促进枝叶生长。但开花之前不宜再施氮肥，过多氮肥会使枝叶生长过旺，花期推迟，甚至不能开花结果。开花前后，应该施一些磷肥，可以促进开花结果。果实成形后可以追施磷肥和

钾肥。磷肥可以促进果实成熟，钾肥可以提高果实的含糖量和含油量，使果实更加鲜嫩甜美。

豆类蔬菜，因其自身具备根瘤菌的特性，能够从空气中吸取一部分氮，如果基肥足够，追施氮肥的最佳时期在开花结荚阶段；若土壤肥力低、苗期生长弱，可提前到苗期追肥。开花前后，需追施磷肥和钾肥。

1.4 根据蔬菜状态巧施肥

如果蔬菜表现为生长缓慢，植株矮小，叶片薄而小，叶色缺绿发黄，则表示缺氮，需要加施氮肥。

如果蔬菜植株矮小，叶片小，呈暗绿色，整株呈小老苗，下部叶片呈紫色或红褐色，出叶速度慢，根系不发达，侧根很少，生长不良，根菜类根不膨大，果实类延迟成熟，则表示缺磷，需要加施磷肥。

如果蔬菜老叶尖端和叶缘变黄或变成褐色，沿叶脉出现坏死斑点，生长缓慢，新叶片瘦小，叶片皱缩向上卷，茎杆脆弱，常出现倒伏，容易遭受病虫害，则表示缺钾严重，需要及时补充钾肥。

如果你觉得上面这些太复杂难记，那么记住一句简化口诀“氮黄红磷钾褐斑”，就能解决大部分问题。

1.5 施肥的方法

蔬菜施肥以基肥为主，追肥为辅。蔬菜生长过程中，如果基肥不够，蔬菜生长缓慢，发育不良，需要进行追肥。另外，蔬菜结果和收获期间也需要追肥。

那么，如何施基肥呢？

基肥一般都是以氮肥为主的肥料，主要是人粪尿和各种厩肥、堆肥、饼肥等。育苗容器一般不施基肥。基肥的施用方式一般有两种，一种是在土壤翻耕好以后，倒入基肥拌匀，蔬菜很快就能够从土壤里吸取养分。一种是在种植沟或穴的旁边开沟穴，埋入基肥，待植物根系生长开以后，就能逐步吸收养分。

叶类菜可少施基肥，但是大株蔬菜，例如紫包菜、大白菜、丝瓜、冬瓜、南瓜、葫芦等则一定要施足基肥。

除了基肥，在蔬菜的整个生长过程中，往往还需要再施两三次肥。追肥一般使用自己做的厨余肥、草木灰、骨粉，等等。追肥时最好是用水将肥料稀释成液态肥，然后浇在蔬菜根部，不要碰到茎叶。如果浓度比较高，浇完肥后，一定要用清水再洒一遍以稀释和清洁，不然容易造成烧伤。这种追肥方法见效很快，尤其叶类菜。

2. 您会给蔬菜“喝水”吗

植物体内80%~90%是水分，水是维持蔬菜生存的第一要素。充足适当的水分，能够让蔬菜看起来笔挺而富有光泽，吃起来也更可口。但是在家庭栽培中，蔬菜很少会缺水，各种问题出现多半是由于浇水不当而引起的。其实，蔬菜并不是天天都需要水，也不能想到就浇，而要根据它们的实际需求来。

2.1 浇水的总体原则是：间干间湿

所谓“间干间湿”，就是指等土壤表层干了，蔬菜真正需要水时才浇水，浇水一次就要浇透，保证水分渗至10~15厘米深才好。而不是频繁地少量浇水，每次只打湿皮毛。因为这样只有表面一层土壤会被湿润，蔬菜的根为了吸收水分就浮于地面，不能往下深扎。也不要长期大水漫灌，因为土壤长期过于潮湿，会导致蔬菜根系缺氧，最终烂根死亡。

2.2 不同季节，浇水也不同

夏季光照强、温度高，植物生长旺盛，需水量高。夏季浇水要避免在高温的正午，可以在清晨或黄昏大量浇淋，帮助植物散热。冬季气温低，不必浇水太多，而且最好在上午出太阳气温回升时浇水，避免太早或太晚浇水而造成冻伤。

2.3 不同蔬菜，对水分需求也不同

叶面大，叶片多的菜耗水量大，应多浇水，如南瓜、冬瓜等；大部分叶类菜耗水量大但吸水力弱，需要选择保水性能好的土壤，同时还要注意增加浇水次数；茄果类、根菜类及豆类耗水量中等，浇水应适量；葱、蒜类耗水量少，则可少浇水。

2.4 根据生长期巧浇水

在不同生长时期，蔬菜对于水分的要求也不同。播种后到发芽之前，要保持土壤湿润，但又不能积水。发芽后，蔬菜的浇水规律是苗期少浇、快速成长期多浇、生长后期再少浇。苗期如果浇水过多，枝叶会发生“徒长”现象，尤其是瓜类和茄果类蔬菜，枝叶徒长会延迟开花。快速生长期对水分需求量大，要适当多浇一些水。临近收获的生长后期，为了让蔬菜滋味更纯正，也为了让收获的果实更容易保存，要适当减少浇水。

临近收获要适当减少浇水

快速成长期吸水量大

3. 中耕、除草

中耕是指在蔬菜的生长过程中，在株行间进行的表土耕作。大田多采用锄头或齿耙。容器种植则多用小铲子或小耙子。中耕可疏松表土、增加土壤通气性、提高地温、去除杂草、促使根系伸展、调节土壤水分状况。

中耕的时间和次数因蔬菜种类、长势、杂草和土壤状况而异。中耕深度应掌握浅一深一浅的原则。即苗期宜浅，以免伤根；生育中期应加深，以促进根系发育；后期作物宜浅，以破除表土的板结为主。一季蔬菜约中耕2~3次。如田间杂草多、土壤黏重，可增加中耕次数，以保持地面疏松、无杂草为度。

结合中耕向植株基部堆一些土，称培土。多用于萝卜、土豆、甘薯等块根蔬菜以及玉米等高秆作物。培土可以增厚土层，提高地温，有促进地下部分发达和防止倒伏的作用。

家庭种植的蔬菜，为了健康和安全着想，不建议采用化学除草剂。除草一般是结合中耕，将杂草的根部挖出，然后拣出来丢弃。对于已经开花结籽的杂草要尽早采取措施，以免种子散落，杂草越长越多。当土壤表层比较松软时，可直接用手将杂草拔除。

4. 各种修剪一学就会

4.1 摘心

摘心又叫打顶，掐头，就是用手将最中央的主枝顶端给掐掉，控制植株的高度，并促进侧面枝条的发育。爬藤瓜果一般等到主蔓快到架顶时，进行摘心。侧枝见瓜后，在瓜上留两片叶子摘心。番茄幼苗长到4~5片叶时摘心一次，分支后保留2~3根强壮的主枝，并抹去所有叶腋内长出的侧芽，主枝60厘米的时候也要摘心。茄子和辣椒在大田种植可以不用摘心或在30~40厘米时对主枝摘心。如果是家庭盆栽，则需要在苗高8~10厘米时摘心。

4.2 抹芽

抹芽也叫掰芽，就是蔬菜长出分枝后至开花前，去掉那些多余的芽（小分枝）。此时小芽很嫩很脆，用手轻轻一抹，即可除去，故称抹芽。抹芽能够让留下的分枝得到充足的营养，更好地生长发育。茄果类蔬菜在侧枝长出后保留2~3个强壮的侧枝，其他全部叶腋内长出的侧芽都要抹掉。

4.3 疏叶疏花疏果

顾名思义，就是摘除多余的叶子以及过密的花朵或果实，让阳光雨露及养分能够集中供应到剩下的部分中。疏叶主要是

抹芽

为了节约养分，摘去老叶、黄叶以及遮挡住果实光线的叶子。疏花主要针对那些需要异花授粉的蔬菜来说的，例如黄瓜、南瓜、苦瓜，等等，当雄花开得过多，远远超出授粉的需要时，即要疏掉多余的雄花。疏果主要是针对茄果类蔬菜来说的，当果实太多，营养跟不上时，则需要摘除一些发育不良和多余的果实。

4.4剪藤、剪枝

爬藤瓜果在开花期间，要将不开雌花的“虚”藤剪掉。结果后，将第一瓜以下的侧蔓要尽早剪去，促进主蔓生长。

茄子、辣椒需要在第一茬果实已采摘完的休息阶段进行一次剪枝，剪枝以后产量会更好。剪枝部位在大枝10~25厘米之上，老株枝条全部剪掉，只留植株的基部和分杈。

4.5注意事项

打顶、抹芽等用双手就可以了，而剪藤剪枝一定要使用比较锋利、剪口光滑的剪刀，不可用手直接折枝，以免造成植株损伤。剪枝时，顺手剪去病虫枝、下垂枝和折断枝。

5. 几种简易棚架的搭建方法

5.1 支柱

番茄、辣椒和茄子等蔬菜在生长中后期，枝叶繁茂，果实累累，枝干经受不住，有可能会倒伏，所以需要立起支柱，给植株足够的支撑。

支柱材料用一般的木棍、竹棍都可以，长度不超过一米。先将棍子插在土中

固定住。注意棍子不要离植株的主茎太近，以免压迫枝干或果实，保持2~3厘米即可。然后用软布条先在支柱上紧紧缠绕两圈，再绑在蔬菜的主茎上，可以防止打滑。

5.2天棚

苦瓜、丝瓜、葫芦等大型蔓生蔬菜如果匍匐在地上，容易受到霉菌、虫害的侵袭，所以需要搭天棚。南瓜、冬瓜虽然匍匐在地上也可以长，但是如果场地不够大，也可以搭棚，以节省空间。一般当枝条开始抽出卷曲的藤蔓时，就要搭架了。

搭棚的方法和葡萄架有些类似，即用

四根结实的棍子立在土地四周，然后在顶上用棍子将立棍两两连接起来，架子搭好后就像一个蚊帐的骨架。根据需要在顶上纵横绑几根棍子，一个棚架就做好了。将植株的藤蔓往立柱上牵引，待爬到顶端以后，让它们在顶端的架子上匍匐生长，结果时，瓜就会挂满架子顶。棚架的高度以方便采摘为度，一般不超过2米。棚子的立柱必须结实牢固，承重好，并且要插入土地尽量深一些，以保证稳定。

5.3人字架

黄瓜、苦瓜、四季豆、豇豆、普通扁豆等蔓生蔬菜，在枝条20~30厘米，开始抽蔓时，就要搭“人”字架，搭架的高度以方便摘豆为度。“人”字架一般选用韧性比较好的细竹竿或竹条。以相邻的四棵植株为一组，分别在穴边插入竹竿，竹竿在1.5米的高度交叉在一起，用布条捆绑好，形似一个“人”字。依此类推，将整排菜地都插上“人”字架，最后，在交叉部位横放一根竹竿并固定好，以增强整个架子的稳定性。若一根竹竿不够长，可将几根连接起来，连接部位也用布条绑好即可。

所有搭架的材料都可重复使用，果实收获完毕后收起来放好就可以了。最好放在室内，否则风吹日晒会缩短其使用寿命。

6. 人工授粉也很简单

难度指数 ★★★☆☆

适用对象 有雄花和雌花之分的南瓜、黄瓜、冬瓜、苦瓜、丝瓜、葫芦等瓜类蔬菜，由于家庭种菜蝴蝶、蜜蜂等昆虫媒介较少见，所以需要依靠人工的方法让蔬菜授粉，这样才能收获累累硕果。

操作方法 晴天的清晨花朵初开时，先将雄花采下，摘除花瓣。然后用雄蕊轻轻地摩擦雌花的柱头，使花粉落在柱头上。为了增加成功的机会，一次可以用几朵雄花为一朵雌花授粉。雌花谢落后，如果花蒂开始膨胀，就说明授粉成功了。

注意事项 一定要正确辨认雄花，雌花花蒂下面会膨胀出来一个小瓜的形状，雄花花蒂下面则没有小瓜。若一株蔬菜只见雌花不见雄花，可以从其他植株“借”几朵雄花授粉。

7. 病虫害防治

7.1 这些小病自己就能治

蔬菜常见的病害有白粉病、叶斑病、煤污病、腐烂病、黑褐病等。一旦叶面出现干枯、发黄、卷曲、白霜或腐烂等一些不正常的现象，就证明它们“生病”了，需要及时进行“治疗”。染病严重的叶片或植株，要直接摘除丢弃，以免互相传染。

家庭菜园由于种植量较小，生病的概率并不高，如果染病，自制一些简单方便的药液，就可以达到治疗效果：

① **生姜液** 取生姜捣成泥状，加水20倍浸泡12小时，用滤液喷洒可防治叶斑病、煤污病、腐烂病、黑褐病等。

生姜液

② **大葱液** 取大葱50克捣成泥状，加水50克，浸泡12小时，用滤液喷施，1天多次，连喷3~4天，可治白粉病。

③ **米醋液** 米醋中含有丰富的有机酸，对病菌有较好的抑制作用。用稀释150~200倍的米酸溶液喷洒于叶面，每隔7天左右喷1次，连喷3~4次，可防治白粉病、黑斑病、霜霉病。

7.2 害虫也没那么可怕

蔬菜常见虫害有青虫、菜螟、地老虎、蜗牛、蚜虫等。一般这些虫数量不会很多，因此最好的方法是人工捕捉，见一个杀一个，来两个杀一双。害怕虫子的朋友，可以用剪刀等工具捕杀，或者自制一些环保的驱虫剂来达到杀虫驱虫的效果：

① 在蔬菜旁边放一碗啤酒，可以诱使蜗牛和鼻涕虫跌入淹死。

② 将新鲜黄瓜茎叶1千克，加少许水捣烂，滤去残渣，用汁液加3倍水喷洒，防治菜青虫和菜螟的效果达95％以上。

③ 将500克大蒜头捣烂成泥状，加10千克水搅拌，取其滤液喷雾，防治蚜虫，红蜘蛛，蚧壳虫等效果很好。把大蒜捣碎插于盆土中，还可杀死蚂蚁和线虫。

④ 取新鲜红辣椒500克，加水5千克，把辣椒捣烂加热煮一小时后，取其滤液喷洒，可防治菜青虫、蚜虫、红蜘蛛、菜螟等害虫。

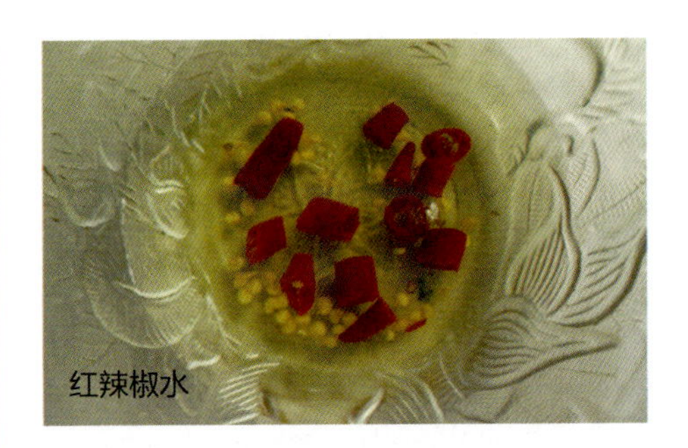
红辣椒水

8. 如何判断最佳收获时间

蔬菜的收获也有很多的学问，不仅和蔬菜的产量、品质相关，还直接影响营养价值呢。如果还未完全长大或成熟就采收，菜的产量就不高；但如果采摘太迟，蔬菜又会变得又老又硬。此外，傍晚时分摘的蔬菜营养价值要比早晨摘的高，晴天采的菜比阴雨天的好。不过奶油生菜、紫油麦菜、白马王子黄瓜等含水量高的蔬菜，以早晨采摘的最为鲜嫩。

9. 如何自留种子

大部分新特蔬菜都可以自留种子，并通过种子繁殖。少部分新特蔬菜，例如富贵菜、紫背菜、水芹菜等，由于很少结籽或不结籽，一般就采取分株或扦插等方式繁殖。家庭少量种植时，自留种子就完全能满足种植需要，可减少购买费用。并且对于自己特别喜欢的品种，自留种子可以更好地保留蔬菜的优良特性。

不论是哪类新特蔬菜，留种株一定要选择特征明显、健康粗壮、无病虫害的植株。所谓特征明显，要结合具体的品种特性，例如红菜薹，要选取茎叶红色鲜艳的明显的；泡泡青要选择叶色浓绿，叶片凸起又多又明显的，这样才能不断强化品种特性，维持新特蔬菜的“新”与“特”。

如果您的菜园中种植了多个同类的品种，尤其是十字花科的植物，要特别注意“杂交”（俗称“串种”）的问题，例如红菜薹、白菜薹、菜心、芥蓝等，就很容易自然杂交。胭脂萝卜和普通白萝卜也容易杂交，导致种子品种不纯。为了避免杂交，最好在开花前，将留种植株用细眼纱网（废旧蚊帐）隔离开来，阻隔昆虫媒介的授粉。

瓜果类的蔬菜，要尽量选择靠近植物底部（具有结果早的优良基因），粗壮饱满的果实作为留种对象，茄果类蔬菜则要选择中部（中部果实大而饱满）的果实作为留种对象。所有留种果实都要完全成熟才能采摘，例如五彩番茄、观赏辣椒要等完全变色，白马王子黄瓜、蛇形丝瓜要等完全发黄，各类苦瓜要待发红开裂，才能取出种子。

种子取出后需及时清洗、晾干，筛选出粒大饱满新鲜的种子，然后妥善贮藏于阴凉干燥透气的地方，等待来年种植。塑封袋虽然使用方便，但不适宜长期存放种子，因为密不透气会导致种子霉烂，造成浪费。布袋、纸袋、塑料瓶（需留缝透气）等，都可以用来放置种子。用报纸包好，并写上名称存放，也是不错的选择。

开花时要预防串种

第三章

野菜家种

野菜，泛指生长在野外，非人工种植的，可食用的蔬菜。野菜采集天地间灵气，吸取日月精华，是大自然的宝藏之一。野菜有着纯净的品质，是大自然的美妙馈赠，也是人与自然相生相伴的见证。野菜无污染，营养丰富，清新可口，是绝佳的食材之一。

很多野菜都具有药用价值，俗话说“偏方治大病”，野菜如果食用得当、对症，大多可视为偏方。比如，荠菜能清肝明目，可治疗肝炎、高血压等病；蒲公英可清热解毒，是糖尿病人的佳肴；苦菜可治疗黄疸等病；野苋菜可治痢疾、肠炎、膀胱结石等病；蕨菜益气养阴，可用于高热神昏、筋骨疼痛、小便不利等病。

在小菜园种上一批野菜，可时时品尝它们独特的风味，体验它们特殊的功效。

01 荠菜

别名 |

地菜、护生草、地米菜、枕头草、清明草

特点

荠菜为一、二年生草本植物，生长于田野、路边及庭园。茎叶花均可食用。原产我国，人们自古就有采集野生荠菜食用的惯例，如今荠菜已经遍布全世界。目前国内各大城市开始引种栽培，不过仍属于零星生产，一般的菜市场及超市还很难看到它的身影。

营养价值

荠菜营养价值很高，在蔬菜中含有最多的蛋白质，并含有丰富的钙和铁。荠菜在中医上是能帮助肝脏与消化的有药效的蔬菜，药用价值很高，具有明目、清凉、解热、利尿、治痢等药效，可治疗肝炎、高血压等病。其花与子可以止血，治疗血尿、肾炎、咯血、痢疾、麻疹、头昏目痛等症。不过怀孕或哺乳中的妇女忌食，有心肺疾病的患者亦应少食。

烹饪小提示

荠菜的食用方法多种多样，可炒食、凉拌、作菜馅、菜羹，风味特殊，有独特清香。在南方一些地区，还有农历三月三用荠菜花煮食鸡蛋的习俗。

烹饪时不宜加蒜、姜、料酒来调味，以免破坏荠菜本身的清香。也不宜久烧久煮，时间过长会破坏其营养成分，色泽还会发黄，影响美观。

种植方法

土壤 对土壤要求不高，肥沃疏松的沙壤土尤佳。

温度 喜冷凉气候，耐寒力强。发芽适温20~25℃，生长适温12~20℃，气温低于10℃则生长缓慢，生长周期延长，品质较差；若温度过高，则叶小质差，且易抽薹；冬季在-5℃以上可露地越冬。

光照 喜光，在光照较充足条件下生长良好、迅速。光照越足，生长越旺盛，香味越浓郁。

水分 较耐旱，正常情况下一周浇2~3次水即可。怕涝，积涝会使荠菜根变黑，造成植株萎蔫死亡。

肥料 荠菜的生长以氮肥为主，追施的肥料以腐熟、稀薄的人粪尿为主，追肥的原则以轻追、勤追为主。春播荠菜生长期较短，一般追肥2次：如土壤肥力差或基肥未施足，可再追肥1~2次。秋播荠菜生长期较长，采收次数较多，每采收1次应追肥1次，一般要追肥4次以上。

种植时间 长江流域荠菜可春、夏、秋三季栽培。春季2~4月；夏季7~8月；秋季9~10月播种。华北地区可二季栽培，春季栽培3~4月；秋季7~9月。华南地区全年可种。

种植步骤

1. 精细整地，耕翻深度15厘米，打碎土块，畦面达到平、松、软、细的要求。用三倍细土与种子混合均匀，然后撒在畦面上。
2. 播种后用脚轻轻地踩一遍，使种子与泥土紧密接触，以利种子吸水，提早出苗。出苗前要小水勤浇，保持土壤湿润，以利出苗。
3. 约一周后荠菜陆续出苗，在2片真叶时，施一次人畜粪水。
4. 有6~8片真叶时，选叶片肥厚、颜色深绿、茎粗的植株定植，定植株行距15厘米×20厘米，也可以根据需要间拔采收。
5. 定植一周后再追肥一次。
6. 采收时，选择具有10~13片真叶的大株采收，带根挖出。留下中、小苗继续生长。同时注意先采密的植株，后采稀的地方，使留下的植株分布均匀。采摘后及时浇水并追肥。
7. 一般在4月底5月初，当种株花已谢，茎微黄，从果荚中搓下种子已发黄时，为九成熟，这时采收最为适宜。在晴天上午收割，割后就地晾晒1小时，将种子搓下，并晾干。切忌暴晒种子，以免降低发芽率。

种植小提示

荠菜种子有一定的休眠期，如果采用当年采收的新子，要设法打破种子休眠，通常以低温处理，将种子浸湿后在2~7℃的冰箱中催芽，经7~9天，种子开始萌动，即可播种。

荠菜种子的有效期为2~3年，过期后的种子发芽率低，不适宜再继续种植，最好是每年留一批新鲜种子以供种植。

由于是野生蔬菜，荠菜自身就有一套延续种族的方法，果实成熟后若没有及时采收，蒴果就会破裂弹开，种子会撒落在泥土里。温度水分适宜的情况下，会自行发芽。因此在大田可不用刻意播种荠菜，只需要在收获时保留几株开花的种株即可。

种植随笔

阳春三月挖荠菜

每年春天是我最喜欢的季节，尤其是春天的山谷和草地，不仅开满灿烂的野花，还是挖野菜的好去处。那时我们总是挎着小篮子，拿着小铲刀，哼着小曲在山坡乱跑，一旦发现成片的野生荠菜就兴奋地手舞足蹈，然后忙不迭往篮子里挖。夕阳西下时，提着满满的篮子回到家，母亲总会说："哟，又挖了这么多，明天要买点肉包饺子了。"那个时候，荠菜饺子是最美味的东西，因为每年只有春天能吃上一两回。

荠菜长在野外阳光充足四周无遮挡的地方，颜色就越深，呈灰褐色，像枯叶和野草；长在蔬菜中间或是阳光稀少的地方，就呈鲜绿色，柔嫩可爱。但要论吃的口味，我更喜欢纯野生的，虽然细小不起眼，口感也较糙，但是香；其次是菜地里种的，香味虽然次一点，但口感较好；最不喜欢的是菜农用大量化肥种植的，几乎吃不出荠菜原有的风味和清香。尽管现在菜地里有自生的荠菜，但是如果有机会，我还是喜欢到野外去挖荠菜，因为收获的不仅是美味，更是儿时的温馨回忆。

三月三吃荠菜的习俗

每逢农历三月三，市场上的荠菜最畅销，很多家庭都要准备些荠菜熬汤或是煮鸡蛋，这是许多地区传统的民俗。可很多人可能不明白，为什么要选择荠菜呢，又为什么选在三月三呢？这其中有什么讲究吗？

《黄帝内经》里说得好："冬伤于寒，春必病温。"意思是冬天受了冻，到了春天，阳气升发，这些潜伏的寒气发作起来，寒极生热，就会引起流感发烧。因此，为了防止冬季的伏寒郁积化热，在春天不能用大辛大热的药物，而是要用荠菜来预防春天的"温病"。荠菜入药，最大的作用就是祛陈寒的功效特别强，而药性又十分平和。三月三吃荠菜，就是为了祛除冬天积存的寒气。

荠菜在南方四季都有。如果做菜吃，不论什么时候采摘都可以。但是入药的话，就以农历三月初采摘的荠菜药性最好。此时的荠菜储存了整个冬季的能量，药用价值最高。

02

胡葱

别名 |

蒜头葱、瓣子葱、干葱、冬葱、回回葱

特点

胡葱为百合科葱属多年生宿根草本，常作两年生栽培。我国中部、南部都有分布，福建等地有大面积人工栽培。全株可作蔬菜食用，鳞茎可制成调味佐料。

营养价值

胡葱营养价值丰富，除了维生素和矿物质，还含有硫化物以及蔬菜中少见的前列腺素A，不含脂肪。胡葱和小葱、大葱一样，具有一种独特的香辣味，能刺激唾液和胃液分泌，增进食欲。其中所含的苹果酸和磷酸糖能兴奋神经，改善和促进血液循环，解表清热。其硫化物具有降血脂的作用，常食有益健康。

烹饪小提示

胡葱一般都用作调味料使用，可以切成小段炒饭、炒蛋、煎面饼，也可以烧豆腐。如蒸鱼需放葱花，以胡葱的味道最好。汤粉、汤面撒上青绿的葱花，可促进食欲。胡葱的鳞茎及青叶还可与肉炒食或腌渍后食用。

土壤 对土壤的适应性较强，以肥沃疏松、保水保肥力强的壤土为佳。

温度 胡葱抗寒力强，耐热力较弱。种子和鳞茎能在3~5℃的低温下缓慢萌芽，温度达到12℃以上后发芽速度加快。生长适温22℃左右，温度下降到10℃生长缓慢，高于25℃时植株生长不良。炎夏时节地上部分枯死，而地下鳞茎进入短期的生理休眠越夏。

光照 喜光，光照越足，生长越旺盛，香味越浓郁。

水分 胡葱的根系较浅，吸水能力弱，要求经常保持土壤湿润，尤以叶片生长盛期对水分的需要量更多。不耐涝，如遇暴雨需及时排水，否则叶片会变黄腐烂。

肥料 较喜肥，除了基肥外，生长期可随水施几次腐熟有机肥。

种植时间 南方温暖地区露地栽培及北方寒冷地区的保护地栽培均适于秋季种植，用鳞茎或分株繁殖，7~9月均可。北方露地栽培应在4~5月。

1. 胡葱的根系浅而小，整地要精细、平整，基肥要腐熟细碎，浅施匀施，施肥量看地力而定，不用太多；
2. 用鳞茎种植可按行距20厘米，穴距10厘米，每穴播放鳞茎2~3粒。用分株种植，行距24厘米，株距18厘米，每穴放一株分蘖苗；
3. 植株开始分蘖后追肥，并结合追肥浇水，保持土表间干间湿。及时中耕除草；
4. 种植1~2个月后，可开始采收分蘖苗。秋植的胡葱收获期从当年9月至翌年5月，收获时每穴留2~3分蘖，使再分蘖生长，每隔30天采收一次。每次采收后后均应追肥一次，并浇水，浅培土；
5. 5月至6月鳞茎成熟，每个母鳞茎可产生10~20个子鳞茎，地上部枯死时，挖收食用，或晾干挂藏在通风阴凉处，留作种用。

种植小提示

胡葱一般不结种子或种子量少，生长缓慢，因此大多用鳞茎或分株法繁殖。

秋季种植的胡葱，如果在入冬前不收获，可进行一次分株栽植。

胡葱在春季抽薹前生长最茂盛，要适时收获。植株抽薹后，则叶质硬化，食用口感不佳。

外来蔬菜改变生活

胡葱原产于波斯和中亚地区，传入中国后，最早见于唐代孙思邈的《千金食治》，称为“胡葱”。宋代的《开宝本草》称为“蒜葱”或“胡葱”。

除“胡葱”外，老百姓的厨房餐桌上，常见胡瓜（黄瓜）、胡桃（核桃）、胡椒、胡蒜、胡萝卜、胡荽（香菜）等“胡”系列果蔬。“胡”字代表着古代北方和西方的民族。这些食物改变了我们的餐桌，改变了我们的口味，进而改变了我们的生活。除了“胡”系列之外，还有许多“番”系列的蔬菜，比如番茄、番薯（红薯）、番椒（海椒、辣椒）、番石榴、番木瓜等；还有“洋”系列的，例如洋葱、洋姜、洋芋（土豆）、洋白菜（卷心菜），等等。农史学家认为：“胡”系列大多为两汉两晋时期由西北陆路引入；“番”系列大多为南宋至元明时期由“番舶”（外国船只）带入；“洋”系列则大多自清代乃至近代引入。

03 马兰头

别名 |

马兰、马蓝头、红梗菜、鸡儿肠、田边菊、紫菊、泥鳅菜

特点

属菊科马兰属多年生草本植物。马兰头原产中国和日本，原是野生种，生于路边、田野和山坡上，全国大部分地区均有分布，其中以长江流域分布较广。马兰头有红梗和青梗两种，嫩茎叶均可食用，药用以红梗马兰头为佳。

营养价值

马兰头含丰富的维生素、胡萝卜素、钾、硒等，其中所含的钾元素是一般常食蔬菜的的2~20倍，可以起到保护血管的作用。硒是一种有明显抗癌抗衰老和提高机体免疫力作用的元素。胡萝卜素也是一种抗氧化剂。经常食用马兰头可以降低血压、延缓衰老、预防癌症。其味辛性凉，清热解毒，凉血止血。将马兰头洗净，捣烂取汁分服，对于口腔溃疡、咽喉肿痛等都有一定治疗作用。特别注意，孕妇不适宜食用马兰头。

烹饪小提示

马兰头可炒食、焯水后凉拌或直接做汤。与香干或花生米凉拌，不仅美味，而且具有清火的功效。

种植方法

土壤 对土壤适应性很强，但以水利设施好、排灌方便的沙壤土为佳。

温度 适应性广，抗寒耐热力很强，生长适温10~25℃。在32℃高温下能正常生长，在-10℃以下能安全越冬，但酷热夏季和严寒冬季长势较慢，春秋两季长势迅速。

光照 对光照要求不严格，耐荫蔽。保持正常光照即可。

水分 喜湿润，要求经常保持土壤湿润，但是不耐涝。雨后需及时排净田间积水。

肥料 基肥和追肥均应施腐熟稀薄的人粪尿或其他有机液体肥料，不施用速效性化学氮肥，确保马兰头的安全优质。

种植时间 每年春（3~4月）、秋（9~10月）两季可将马兰头分株移植。

种植步骤

1. 用铲子或锄头连根带泥铲（掘）起马兰头的种根，把大种根掰成带有主枝和根茎的若干块小种根，每块小种根长有马兰头主茎3~4枝，然后按株行距10厘米×10厘米移栽到已经拌好腐熟有机基肥的大田或花盆中。
2. 移栽后，要压实种根，使其与泥土紧密结合；栽后要及时浇透水，防止萎蔫，以提高成活率。
3. 移栽一周后及时检查成活情况，少数没有成活的需要及时补种。
4. 移栽成活后半个月追肥一次，并及时除草；
5. 移栽30~40天后，嫩苗高达10~15厘米，即可剪摘嫩苗，春秋快速生长期每15天收获一次，每次收获后及时追肥。管理精细、生长旺盛的植株夏季也可收获，温棚中种植的，一年四季可收获。

种植小提示

马兰的繁殖方法有种子繁殖和分株繁殖两种。种子繁殖因采种困难、出苗率极低一般不采用。用分株繁殖法不仅方法简便易行，成本低，成活率高，而且当年采种栽植，当年就可采收。

首次引种可直接从野外挖取马兰头，引种成功后，即可从菜园中挖取马兰头分株繁殖。

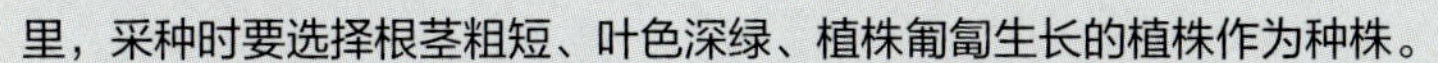

不论是在野外还是菜园里，采种时要选择根茎粗短、叶色深绿、植株匍匐生长的植株作为种株。

马兰头是多年生植物，栽种一次可连续采收多年。一年四季只要不断地采摘嫩梢，它就会不断地长出嫩梢，不会开花，不会结子，源源不断地供人们采收和食用。但是每隔3年左右还是要进行一次更新，即重新分株移植，让老株重新焕发生机。

文人常提马兰头

马兰头又名马蓝头、马拦头，从古代开始就是常见的野菜，也多次被文人提起。清代袁枚《随园诗话补遗》卷四：“汪研香司马摄上海县篆，临去，同官饯别江浒。村童以马拦头献。某守备赋诗云：‘欲识村童攀恋意，村童争献马拦头。’马拦头者，野菜名。京师所谓‘十家香’也。用之赠行篇，便尔有情。”周作人《故乡的野菜》中写道：“那时小孩们唱道：‘荠菜马兰头，姊姊嫁在后门头。’”茅盾《阿四的故事》也提道：“二月里，他披着破夹袄跟在娘背后到河边摸螺蛳，到地里摘野菜挑马兰头。”

04

蒲公英

别名 |

华花郎、蒲公草、黄花地丁

特点

蒲公英是一种多年生草本植物，属菊科。我国境内广泛分布，中、低海拔地区的山坡草地、路边、田野、河滩常见野生蒲公英。蒲公英具有头状花序，种子上有白色冠毛结成的绒球，花开后随风飘到新的地方繁衍生息。

营养价值

蒲公英富含蛋白质、脂肪、碳水化合物、微量元素及维生素等，有丰富的营养价值。其中含有的胡萝卜素和C及矿物质，对消化不良、便秘都有改善的作用。其含有蒲公英醇、蒲公英素、胆碱、有机酸、菊糖等多种健康营养成分，有清热解毒，利尿散结的功效。中药蒲公英常被用于治疗急性乳腺炎、急性扁桃体炎、尿路感染等病症。蒲公英的鲜叶还有改善湿疹、舒缓皮肤炎症的功效，根则具有消炎作用，花朵煎成药汁涂擦可以去除雀斑。

烹饪小提示

蒲公英可生吃、炒食、做汤、炝拌，风味独特。将蒲公英鲜嫩茎叶洗净，沥干蘸酱，略有苦味，味鲜美清香且爽口。蒲公英的叶子凉拌时，其苦味配合香油和醋会产生一种特别的味道。凉拌前用沸水焯1~2分钟，可减少苦味。蒲公英炒肉丝具有补中益气解毒的功效。蒲公英的花可以泡酒或作为配料腌渍成泡菜，经常食用具有提神醒脑的功效。

土壤 对土壤适应性很强，喜疏松肥沃排水好的沙壤土。

温度 蒲公英既抗寒又耐热，早春地温达到1~2℃时即可萌发，种子发芽的最适宜温度为15℃，在25~30℃以上发芽缓慢，茎叶生长的最适温度为20~22℃。冬季在-5℃以上可露地越冬，夏季生长较缓慢。

光照 喜阳光，自然阳光下长势良好，阳光不足则叶片生长缓慢。

水分 蒲公英出苗后需要大量水分，因此保持土壤的湿润状态，是蒲公英生长的关键。正常情况下一周浇2~3次水即可。

肥料 腐熟有机肥。以基肥为主，在生长季节里，视长势情况，追肥1~2次即可。

种植时间 从春到秋都可以种植。夏季播种时要注意遮阴保湿。早春播种需要进行一定的保温。

1. 选择向阳的地块，施足基肥并拌匀。在畦内横向开小沟，沟距12厘米，沟宽10厘米，将种子播于沟内，覆土约0.5厘米并浇透水。
2. 播种后，保持土壤湿润，10~15天出苗。
3. 苗出齐后，长出两片叶片时要及时进行间苗。每行间掉过密的苗，株距保持在2~3厘米。间苗的同时拔除杂草。
4. 苗高达到10厘米以上，具有4片真叶时可以定植。按不同的栽培目的采用不同的株行距。作药用与食用栽培时行株距一般为25厘米×25厘米，肥水较好的地块还可以减小密度。作观赏用时可定植于较深的花盘，也可根据绿化带形状适当调整密度来定植。定植后浇定植水和缓苗水。
5. 定植成活后根据生长状况追肥1~2次。
6. 播种当年一般不采叶，以促进其繁茂生长。入冬后若温度低于-5℃，则需要覆盖薄膜保温或移入室内。
7. 以药用为目的，可于第二年春秋季节植株开花初期挖取全株。作蔬菜栽培时不收全株，在叶片长至15厘米以上时可随时采收叶片。

种植小提示

蒲公英的种子没有休眠期，种子成熟后，当下即可播种。

蒲公英播种后第二年即可开花结果，随着生长年限的增加，开花朵数和种子产量逐年提高。因此可以保留固定的留种植株。开花后13~15天种子即可成熟。当花盘外壳由绿变黄绿时，种子也由乳白色变成褐色，此时就可采收。采种时可将花序摘下，放在室内存放1~2天后熟，至种子半干时，用手搓掉种子头端绒毛后干燥储存备用。

随风飘散的蒲公英

蒲公英的英文名字意思是狮子牙齿，是因为蒲公英叶子的形状象一嘴尖牙。蒲公英花茎是空心的，折断之后有白色的乳汁。花为亮黄色，由很多细花瓣组成。成熟之后，花变成一朵圆的蒲公英伞，被风吹过后，种子会飘洒在各地，然后生根发芽。孩子们都曾以吹散蒲公英伞为乐。蒲公英也因此被赋予了坚强、开朗、随遇而安的精神特质。

05

马齿苋

别名|

五行草、长命菜、瓜子菜、马齿菜

特点

马齿苋属于马齿科一年生肉质草本植物，起源于印度，几个世纪以来传播到世界各地，现在墨西哥、欧洲、中国和中东都还是野生类型，在英国、法国、荷兰等西欧国家早已发展成为栽培蔬菜。在我国，马齿苋多以春夏季节到田野采集野生的茎叶供食用。

营养价值

马齿苋鲜嫩茎叶富含蛋白质、粗纤维以及钙、磷、铁和多种维生素，营养价值丰富。此外，还含有大量去甲基肾上腺素、多巴胺、生物碱以及强心苷等生理活性物质和大量的不饱和脂肪酸，被称为“菜中之鱼”。常食马齿苋可增强人体免疫力，防治心脏病、高血压、糖尿病等。马齿苋全株可入药，具有解毒、抑菌消炎、利尿止痢、润肠消滞、去虫、明目和抑制子宫出血等药效；外用可以治丹毒、毒蛇咬伤等症。民间常用马齿苋煮水饮用来缓解腹泻。新鲜马齿苋取汁水，用于治疗湿疹皮炎导致的急性红斑，具有收湿止痒、清热消肿的作用。

烹饪小提示

马齿苋以嫩茎叶供食用，可炒食、凉拌、做馅、做汤、煮粥等。凉拌前需焯水，注意时间不要太长。将马齿苋焯水后晾至半干，再爆炒，有腌渍食品的特有味道。晾至全干，可长期存放，随吃随取，用凉水泡开即可。特别注意，马齿苋为寒凉之品，孕妇，尤其是习惯性流产者，应禁止食用马齿苋。

种植方法

土壤 对土壤要求不高，但最适宜温暖、湿润、肥沃的沙壤土。

温度 性喜温暖，温度低于20℃时不发芽，20℃时开始发芽，发芽适温为25~30℃，超过35℃时发芽受到抑制。生长适宜温度为20~30℃。不耐寒，冬季枯死。

日照 对光照的要求不严格。强光、弱光下均可正常生长。遇连续阴雨天气易徒长，光照太强易老化。

水分 马齿苋生命力极强，较耐旱，但喜湿润，一般一周浇水2~3次。

肥料 喜肥，生长期间经常追施一点氮肥，其茎叶可以生长肥嫩粗大，增加产量，迟缓生殖生长，改善品质。留种株可适当增施点磷、钾肥。

种植时间 马齿苋从春季到秋季均可栽种。春播品质柔嫩。夏、秋播种易开花，品质粗老。一般2~8月（气温超过20℃）均可播种。若为保护地（塑料大棚、地膜、温室）栽培，无严格播种期。

1. 播种前，先将盆土浇足底水，待水渗下后，将种子与细沙混匀后撒播，随后覆盖0.5厘米厚细土。
2. 播后应注意保温保湿，早春播种的出苗较晚，需7~15天，晚春和秋播的出苗只需4~6天。
3. 出苗7天后间苗，株距3~4厘米左右，间苗后结合浇水追肥一次。
4. 当苗高15厘米左右时，开始间拔幼苗食用，保持株距7~8厘米。
5. 苗高25厘米以上时，正式采收。采摘时掐去嫩茎的中上部，根部留2~3节主茎，使植株继续生长，直至植株开花。每次采收后追施有机肥1次。

种植小提示

由于马齿苋在我国没有广泛家种，如果买不到种子，最开始只能先去田野菜地挖取野生的品种移栽，等到收获种子后，来年便可用种子播种。移栽的方法是将马齿苋连根挖起，掐掉上部，只在根部留2~3个分杈，然后种在土里，注意保持土壤湿润，成活后可晒太阳和追肥。

温水浸种有利于马齿苋发芽，浸种时间以12~24小时为宜。马齿苋种子有3~4个月的生理休眠期，用清水浸种可打破休眠。大田播种马齿苋时覆盖塑料小拱棚可明显提高发芽率和出苗率。

马齿苋的蒴果成熟期有前有后，一旦成熟就自然开裂或稍有振动就撒出种子，且种子又很细小，采集时可以在行间或株间先铺上废报纸或薄膜，然后，摇动植株，让种子落到报纸或薄膜上，再进行收集。

大田中种植马齿苋，可留一些种株让其开花结子，散落在土里的种子来年会自己出苗，不用采种播种。

别名|

水英、水芹、河芹、野芹菜

特点

水芹菜原产亚洲东部，中国自古食用，两千多年前的《吕氏春秋》就称“云梦之芹”是菜中的上品。现在我国中部和南部栽培较多，以江西、浙江、广东、云南和贵州栽培面积较大，属于纯天然无公害绿色蔬菜。

水芹菜不同于常见的芹菜。它主要生长在潮湿的地方，比如池沼边、河边和水田，在南方多见。而旱芹则生长在相对干旱的地方，也就是我们平日里吃的普通芹菜，即“香芹”。

营养价值

水芹菜中富含多种维生素和无机盐类，其中以钙、磷、铁等含量较高，具有清洁血液，降低血压和血脂等功效，是一种健康蔬菜。水芹还可以作药用，其味甘辛、性凉、入肺、胃经，有清热解毒、降低血压、宣肺利湿等功效，还可治小便淋痛、大便出血、黄疸、风火牙痛等病症。水芹菜虽好，但性凉质滑，故高血糖、缺铁性贫血患者、经期妇女、脾胃虚寒者需慎食。水芹菜还有降血压作用，故血压偏低者慎用。准备生育的男性也应少食。

烹饪小提示

水芹菜嫩茎及叶柄质地鲜嫩，清香爽口，可以凉拌食用，也可以与其他荤菜炒煮，亦可做成海米炝水芹、水芹炒肉丝、水芹羊肉饺、水芹拌花生仁等。

土壤 土质松软、土层深厚肥沃、富含有机质保肥保水力强的黏壤土种植最佳，室内亦可直接用无孔容器水培。

温度 性喜凉爽，忌炎热，夏季气温25℃以下，母茎开始萌芽生长，秋分后气温下降至15~20℃生长最快，至5℃以下生长停止，霜后仍能保持绿叶，能耐短时-10℃低温。

日照 对日照要求不高，长日照有利于匍匐茎生长和开花结实，短日照有利于生根发芽。

水分 怕干旱，需保持土壤湿润，使水芹菜根部能随时吸收到水分。

肥料 种植前需施足基肥，生长期追施2~3次自制液肥。

种植时间 春季3~4月，秋季9~10月

1. 将野生的水芹菜的粗壮茎剪下大约15厘米，带有白色不定根的尤佳。
2. 将水芹菜枝条插在泥土里，泥土上保持两厘米深的水层，或直接放在容器中水培。
3. 一个星期后，水芹菜的枝条就开始萌发出新根，叶子开始生长。
4. 水芹菜的茎部节上向四周抽生匍匐状枝条，再继续萌动生苗，此时可施一些液肥促进枝条快速生长，20天后即可收获，在距离根部3~5厘米处掐下。
5. 冬季到来后，水芹菜在5℃以下停止生长，在-10℃低温下仍能安全越冬。
6. 第2年再继续萌芽繁殖，水芹菜能长到80厘米高，此时可以分批采收。
7. 水芹菜夏季开白花，花开后则应继续扦插繁殖新的植株。

种植随笔

春季美味水芹菜

阳春三月，万物复苏，野菜家族开始热闹起来，素有“水八仙之一”美誉的水芹菜也当仁不让。这是一种生长在池沼边、河边和水田的水生野菜，它的茎是空心的，叶子呈三角形，因为外形与芹菜非常相似且香味也相近，所以被叫成了水芹菜。

关于水芹的说法还有不少，如清朝诗人张世进有诗云“春水生楚葵，弥望碧无际。”这里的“楚葵”就是指野水芹。曹雪芹《红楼梦》中云“新绿涨添浣葛处，好云香护采芹人”，还有晋代的周处在《风土记》中也有“萍平，芹菜之别名也”。这些无不让人对水芹菜产生无尽的遐想。

水芹菜的嫩茎及叶柄，嚼起来是脆的，还“吱咯”作响，吃在嘴里，有一种特异的芳香。水芹的清香与猪肉的醇香渗透在一起，能让人食欲大增。最妙的是东坡先生遭贬任黄州团练副使时，用斑鸠的胸脯肉和水芹一起炒，成就了一道有名的“东坡春鸠脍”。众多水芹菜炮制的菜肴中，我独爱水芹菜炒香干，这道菜是春季餐桌上必不可少的美味。

种植小提示

水芹菜不结实或种子空瘪，所以用扦插法繁殖。对于第一次尝试家种水芹菜的朋友，可以直接将水芹菜带根移栽到家庭小菜园中，这样的成活率更高，生长更快。

07

野苋菜

别名 |

野苋、光苋菜

特点

野苋菜是苋科苋属除苋、繁穗苋等栽培种外，目前少见栽培的一年生草本植物多个种的总称。全世界约有40种，中国有13种，以嫩茎叶供食用。野苋菜分布很广，全世界均有分布，多处于野生状态，生长在丘陵、平原地区的路边、河堤、沟岸、田间、地埂等处。常见的野苋菜主要有凹头苋、大序绿穗苋和刺苋。

营养价值

野苋菜具有丰富的营养和较高的保健价值，其中所含丰富的胡萝卜素、维生素C有助于增强人体免疫功能，提高人体抗癌作用。炒野苋菜具有清热解毒、利尿、止痛、明目的功效，食之可增强抗病、防病能力，并能润肤美容。野苋菜以全草及根入药，性味甘凉，具有清热解毒、利尿、止痛、明目的功效，适用于痢疾、目赤、乳痈、痔疮等病症。

烹饪小提示

野苋菜可炒食、做汤、炝拌、煮粥、做面食等。食用前须用开水烫、用清水漂洗，沥去苦水后，再烧煮食用。野苋菜炒鸡蛋是一道风味独特的菜肴，具有清热解毒、滋阴润燥的功效。烙饼时加入野苋菜末，也别有一番风味。

种植方法

土壤 对土壤适应性很强，地势平坦、排灌方便、肥沃疏松的壤土为佳。

温度 耐热力强，不耐寒，较高的温度有利于苋菜的生长。种子在10℃以上温度开始发芽，在23~27℃气温下生长良好，冬季植株枯死。

光照 喜阳光，自然阳光下长势良好，阳光不足则叶片生长缓慢。

水分 苋菜耐旱力较强，但在土壤水分充足的条件下叶片柔嫩，品质好。一般一周浇水2~3次。

肥料 腐熟有机肥。以基肥为主，在生长季节里，视长势情况，追肥2~3次即可，追肥时还需要追施一些草木灰。

种植时间 全国各地的无霜期内，可分期播种，陆续采收。一般在3~4月春播和7~8月秋播。

种植小提示

野苋菜的种子市场一般没有出售，可于秋季野苋菜种子成熟的季节，从野外采收成熟的野苋菜种穗，晒干后保存在干燥阴凉处作为栽培的种源。

野苋菜的生长特性和种植方法与普通苋菜类似，但是它的适应性更强，生长势头更强。

种植步骤

1. 将野苋菜种子混合三倍细沙，均匀撒在施好基肥的土地上，撒后用脚轻踩将土压实，浇透水。
2. 播种两天后根据干湿情况轻淋水，保证出苗所需水分，一般春播10天出苗，夏秋播3~4天出苗。

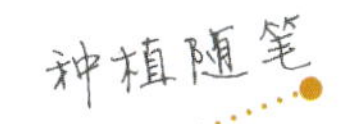

我种植苋菜很长时间了，至于野苋菜，菜地里总有零星的野生，每年都有，从不缺席，因此也没有刻意去留种和播种。菜地里其他蔬菜青黄不接时，就去摘一把野苋菜“凑数”。虽然它并不是餐桌上的主角，但是我还是挺喜欢野苋菜的。

野苋菜叶片看起来很粗糙很沧桑，叶色也很老成暗淡。口感比较粗糙，有时候还有点轻微的苦涩。不过家人却说吃的就是它那种野菜的口感。有的野苋菜可以长到一米多高，有时候一棵的小分枝多达几十个，掐嫩芽一掐一大把，一棵就可以炒一大盘。

现在的种子店可以买到多种苋菜种子，但多为杂交品种，就是红绿相间的彩苋菜，彩苋菜的特点就是速成、生长快、产量高，但是易老，不能掐，多半是一次长成，一次收获。

3. 出苗后应及时除草，并加强水肥管理，保持土壤湿润。
4. 长有2片真叶时，选晴天进行第一次追肥，施20%腐熟人畜粪尿；半个月后再追肥一次。
5. 植株高15厘米时，间拔采收或采摘嫩梢，每采收一次追肥一次。一直持续到抽薹开花。药用野苋菜的采收主要在秋季植株生长比较成熟后整株拔起晒干。

08

泥蒿

别名｜

蔏蒿、蒌蒿、狭叶艾、三叉叶蒿、水蒿

特点

泥蒿是菊科多年生宿根性草本植物。多生于水边堤岸或沼泽中，野生种广泛分布于东北、华北、华中等地。早在明朝时期南京地区居民已开始采食野生泥蒿。至20世纪80年代末开始人工栽培，因其富含蔾蒿精油而风味独特，又具有丰富的营养，已成为需求量日益增多的地方特色蔬菜，是新兴种植的野生蔬菜。以嫩茎供食用，其脆嫩、辛香、风味独特。

营养价值

泥蒿是一种保健蔬菜，其所含多种营养成分可与土豆媲美，既能当菜又能饱腹。同时还有清热解毒、调中开胃、降血压等功效，可治胃气虚弱、浮肿等病症，民间用于治疗急性传染性肝炎。李时珍《本草纲目》草部第十五卷记载：蒌蒿“气味甘无毒，主治五脏邪气……久服轻身、耳聪目明、不老”。

烹饪小提示

泥蒿鲜嫩茎秆清香鲜美，脆嫩可口，营养丰富，风味独特。凉拌、炒食皆宜。最常见的吃法是去除叶片后掐成5厘米长的段，加入蒜瓣爆香清炒，或先用腊肉丝或腊肉片下锅炒出香味，再倒入野泥蒿翻炒。凉拌时需焯水后再拌入喜欢的作料。但不论哪种烹饪方法，都不要加味精或鸡精，以免破坏野泥蒿特殊的香味。

种植方法

土壤 在各类土壤中均可生长，但以保水保肥性能好的沙土壤最为适宜。

温度 泥蒿性喜冷凉，在日平均温度5℃左右时开始萌发，嫩茎生长最适温度为日平均12~18℃，20℃以上茎秆迅速老化，品质下降。地上部分能经受轻霜冻，经-5℃以下低温地上部分逐渐枯萎。

光照 植株喜充足阳光，但强光下嫩茎易老化。

水分 喜湿润，不耐旱，土壤水分充足的条件下叶片柔嫩，品质好。一般1~2天浇水一次。

肥料 腐熟有机肥。以基肥为主，在生长季节里，视长势情况，追肥1~2次。

种植时间 多于3月上旬播种或5月进行分株或6~8月进行扦插。

种植步骤

1. 选择前茬未种菊科作物的田块，混合腐熟的人畜粪。
2. 3月上旬将种子混合三倍细沙，撒播或条播覆土，浇水，3月下旬即可出苗。出苗后，及时间苗，缺苗时移栽补苗。或5月上中旬将种株连根挖起，截去嫩梢，按40厘米左右的穴距栽于大田，每穴栽1~2株，踏实后浇透水，约1周可成活。或6月下旬至8月，割下健壮茎秆，截去嫩梢，将茎秆剪成长约20厘米的小段，插于大田，每穴4~5根，株行距30厘米×35厘米，踏实浇透水，10天左右可成活。
3. 经常保持田间湿润，高温干旱季节要经常浇水。
4. 株高20~25厘米时可采收，将嫩茎齐地面割下。每次采收后结合浇水追肥1次。
5. 当地上茎枯死后，齐地面割去，清洁田园，施肥、浇透水。可耐-5℃以上低温。冬季低于-5℃时需用地膜覆盖或用其他方式进行保温。每天中午适当通风，降低棚内湿度。待早春温度升高会再次萌芽。

种植小提示

泥蒿是多年生植物，根系发达，吸收能力强，用分株法和扦插法繁殖比播种种植要简便。第一年种植可以从农民手购买植株或去野外挖野生泥蒿。野泥蒿种子尚且没有普及，不太容易购买。

泥蒿品种较多，按嫩茎颜色分为青泥蒿（嫩茎青绿色）、白泥蒿（嫩茎浅绿色）和红泥蒿。红泥蒿味浓，但纤维多，萌发迟，产量较低。目前菜农栽培多用青泥蒿或白泥蒿。红泥蒿在江滩、湖边野生较多。

古人诗句吟泥蒿

泥蒿又名蒌蒿，也写作藜蒿。然而，写作泥蒿似乎更贴切。因这种野菜大量生长于南方湖区，在潮湿的泥滩上，生长尤其旺盛。

食用蒌蒿之习古已有之。《诗经》《齐民要术》种均有其食用记载。至宋代，诗人吟咏更多，名句有苏轼的“蒌蒿满地芦芽短，正是河豚欲上时”、黄庭坚的“蒌蒿芽甜草头辣”、陆游的“旧知石芥真尤物，晚得蒌蒿又一家”，等等。那时候，蒌蒿不仅是春季应时野蔬，还是江淮地区民众在荒年青黄不接之季的度命之物。

很多朋友吃过泥蒿以后都念念不忘它的清香，有网友为其写有打油诗：“原为野泥草，摘来玉盘尝。偷得三分味，两者倍余香。”

09

灰灰菜

别名 |

藜、灰菜、灰条莱、灰蓼头草、灰藋

特点

灰灰菜为藜科一年生草本植物。分布遍及全球温带及热带，中国各地均产。喜生于田间、地边、路旁、房前屋后等。灰灰菜全株都有白色细粉粒，像覆盖一层灰，因而得名。幼苗和嫩茎叶可食用，味道鲜美，口感柔嫩，营养丰富。

营养价值

食用灰灰菜富含钙质和铁质，能够预防贫血，促进儿童生长发育，对中老年缺钙者也有一定保健功能。另外，全草还含有挥发油、藜碱等特有物质，能够防止消化道寄生虫、消除口臭。常吃灰灰菜，可以解油腻，防止肉食引起的高血脂和肥胖。灰灰菜还是一味中草药，全草可入药，有清热利湿、止痒透疹的作用，可治痢疾腹泻；配合野菊花煎汤外洗，治皮肤湿毒及周身发痒。

烹饪小提示

作为老少皆宜的保健食品，可炒食、凉拌或做汤，也可晾干贮藏。凉拌时调入葱、姜、蒜、盐、味精和香油，如果再加入一些辣椒和醋，味道更鲜美。特别注意的是，灰菜采摘后须先用冷水浸洗几次，然后用开水焯一下，才可拿来炒或凉拌。这样做的目的是去除它所含的卟啉物质。如果吃了未经处理的灰灰菜，会引起日光性皮炎，身体裸露在日光下的部位都将出现浮肿，还会引起诸如眼睛睁不开、皮下出现刺痛、瘙痒等症状，严重的还会出现水泡、血泡等。这种病一般可以自愈。灰灰菜一次食用量不宜过多，体寒胃肠不适者慎食，食后或接触后应避免强烈日光暴晒。

种植方法

土壤 对土壤适应性强，但喜肥沃疏松的土壤。

温度 喜温暖，种子15℃左右时开始萌发，生长适宜温度为20~30℃，气温超过25℃容易老化抽薹。不耐寒，冬季枯死。

光照 充足阳光下生长良好。

水分 喜湿润，土壤水分充足的条件下叶片柔嫩，品质好。一般一周浇水2次。

肥料 腐熟有机肥。施用基肥后可不再追肥。

种植时间 春秋两季（3~5月或8~9月）皆可播种，但以春播为佳。一年可多次播种，分批收获。

种植小提示

灰灰菜的种子多半为野外采集而得，市面上出售较少。可于秋季10月左右采集顶端果穗变黄的植株，经过2~3天晾晒，打出里面的种子，存放在阴凉干燥处，来年春天种植。

灰灰菜有两种，一种中心嫩叶背呈紫红色，一种中心嫩叶呈灰白色。两种皆可食用。

灰灰菜生性强健，管理粗放，无需过多浇水施肥，否则容易使其丧失独特的“野”味。

种植步骤

1. 整地后施入适量土杂肥或经腐熟的人畜粪作基肥，翻耕耙平。
2. 种子采取撒播或条播，播后用脚轻踩土面，使种子落入土中，并浇透水。

灰灰菜——古老的救命菜

灰灰菜，是我们祖先很早就认识和食用的野菜之一。在中国最古老的经书《尔雅》和《诗经》中，已经有了它的影子。《尔雅》及其注中，它叫厘、蔓华、蒙华。《诗经》中，它叫莱。《诗经·小雅·南山有臺》中有句曰：南山有臺，北山有莱。这个莱即是今天的灰灰菜。

灰灰菜更有名气的名字，则是藜。藜和蒿、藿一起，常被认作是一种“恶菜”，即下层民众吃的食物或者饥荒之年用来充饥的野菜。语文课本里，《韩非子·五蠹》一文，有句“藜藿（大豆叶）之羹”，就是指用藜和大豆叶煮成的菜羹，意为粗劣的饮食。孔子被困陈蔡，“藜羹不糁（米粒）”，吃的是藜菜，连点米粒也没有。

藜被称为灰条菜，是明代一位王爷周定王朱橚在其著作《救荒本草》中给定的名。这位王爷，不爱争权夺利，不屑享受荣华富贵，却开了一大片菜园，弄了全国各地的野菜在里面种，并天天仔细观察它们的长势、样子，尝它们的味道，研究它们的本性，写出了一部使后人大受其益的《救荒本草》。后来，徐光启在《农政全书》中，全文收录了这部著作。其中，还记载了一首咏灰条菜诗，对灰条菜在国人食物史上曾经的地位大加歌颂：“灰条复灰条，采采何辞劳。野人当年饱藜藿，凶岁得此为佳肴。东家鼎食滋味饶，彻却少牢羹太牢。”

3. 7~10天出苗，出苗后及时间苗和补苗。
4. 无需追肥，无雨天适时浇水。
5. 苗高8~10厘米时即可间拔采收幼苗。待植株长大后，可掐取嫩梢。春播的灰灰菜可长到1米多高，直到10月收获种子。秋播的灰灰菜以收获幼苗为主，一般不留种子。

10

青葙

别名｜

鸡冠菜、野鸡冠花、鸡冠苋、狗尾苋

特点

青葙是苋科青葙属一年生草本植物，生于坡地、路边、较干燥的向阳处，我国各地均有分布。全株均可入药，清热、利湿。种子叫青葙子，能消肝火、明目、杀虫；嫩茎叶可作蔬菜食用。青葙的穗状花序颜色鲜艳，经久不凋，可用在园林绿化中，色彩明快，富有野趣，还适合用作切花。

营养价值

鲜青葙富含胡萝卜素、维生素B、维生素C以及钾、镁、钙等，另含有一定蛋白质、脂肪和粗纤维。经常食用能提高身体免疫力，促进肠道消化。

烹饪小提示

青葙食用部位为植株的嫩苗、嫩叶、花序。于春、夏季采摘嫩茎叶，开水烫后漂去苦味，加调料凉拌或炒食，种子还可代替芝麻做糕点用。常见的做法有青葙炒粉丝、青葙炒蛋、青葙肉片汤等等，能滋阴润燥、清凉解热。还可以在炖鱼汤或肉汤时加入青葙子，有祛风热、清肝火、清心益智之功效。注意，大便溏泻者不宜食用青葙。

种植方法

土壤 对土壤适应性强，但喜肥沃疏松的沙壤土。

温度 喜温暖，种子最适宜的发芽温度是25℃，在20~30℃内发芽良好，生长适宜温度为15~25℃，不耐寒，冬季枯死。

光照 充足阳光下生长良好。

水分 喜湿润，土壤水分充足的条件下叶片柔嫩，品质好。一般一周浇水2次。

肥料 腐熟有机肥。施足基肥后可不再追肥或少追肥。

种植时间 一般采用春播，南方3~4月播种，北方4月下旬播种。

种植小提示

青葙种子可以购买，也可以在果期收集野生青葙种子。

青葙生性强健，耐贫瘠。一般不多施重肥，尤其是作药用栽培时，过多肥料会降低药效。

青葙子保存期较长，2~3年后仍有80%左右的发芽率。

1. 整地后施入适量土杂肥或经腐熟的人畜粪作基肥，翻耕耙平。
2. 种子采取条播，按30厘米左右行距开浅沟，把种子均匀撒在沟内，覆土0.5厘米，稍稍镇压，然后浇透水。
3. 播种后5~7天出苗，出苗后注意松土、间苗和补苗。
4. 当苗高5厘米左右按2~3厘米株距间苗。当苗高10厘米左右时按15厘米左右定植。
5. 定植30天即可采摘嫩茎叶食用，注意勤浇水保持土壤湿润。若肥力不够，可根据情况施薄肥1~2次。
6. 5~8月花期和6~10月果期时可正常收获，但对于留种株则尽量不要采摘。8~10月种子呈棕黑色时，割取地上部分或摘取果穗晒干，打下种子，除去杂质，放阴凉干燥处保存，留待来年种植。每年深秋可一次性采收茎、根、花及种子，晒干作药用。

种植随笔

青葙我一直叫它鸡冠菜，其实它叫狗尾菜更贴切一些，它的花长长的一条，或粉或紫，颜色挺漂亮。小时候每次看到青葙花，总要忍不住用手摸一摸，因为它看上去太像纸花或塑料花了。后来还经常摘些野生的青葙花枝插在瓶子里，半个月花都不凋谢变色，深得我心。

两年前开始尝试在菜园里种植青葙，我特意选了几株花大色艳的青葙留种，虽然咱吃的是嫩叶，但是花开得好看，菜园里也更赏心悦目嘛。说起青葙花，有必要提一下它的远亲——千日红。千日红花色艳丽花期长，常作园林绿化栽培用。

两者同科不同属，花、叶都比较相似，容易混淆。其实最简便的区分方式就是千日红的花是圆球形，呈艳丽的紫红色；青葙花呈穗状，颜色较浅。

第四章

药食两用蔬菜

我国中医学自古以来就有“药食同源”（又称为“医食同源”）理论。这一理论认为：许多食物既是食物也是药物，食物和药物一样同样能够防治疾病。在古代原始社会中，人们在寻找食物的过程中发现了各种食物和药物的性味和功效，认识到许多食物可以药用，许多药物也可以食用，两者之间很难严格区分。这就是“药食同源”理论的基础，也是食物疗法的基础。从发展过程来看，远古时代药食是同源的，后来经几千年的发展，药食逐渐分化，从发展的前景看，也可能返璞归真，以食为药，以食代药。

有一类新特蔬菜，例如紫背菜、土人参、鱼腥草等，它们既可说是菜，也可以说是药，因为它们具有明显的药用和保健功能。我们将这类蔬菜称为药食两用蔬菜，在本章中讲述它们的特点和种植方法。

11

紫背菜

别名｜

紫背天葵、血皮菜、观音菜、当归菜、红凤菜、红背菜、补血菜

特点

紫背菜为菊科三七草属多年生宿根常绿草本植物。原产我国四川，台湾栽培较多。现在在我国南方如广东、广西、海南、福建、云南、江西、四川、台湾等地农村零星栽培，多做药用间或菜用。因叶背紫红色而得名。

营养价值

紫背菜属于药膳同用植物，既可入药，又是一种很好的营养保健蔬菜。其富含具有造血功能的铁元素、维生素A、黄酮类化合物及酶化剂锰元素，对儿童和老人具有较好的保健功能，具有活血止血、解毒消肿、抗恶性细胞增长等功效，同时，紫背菜还是产后妇女和缺血、贫血患者适宜常食的一种补血蔬菜。

烹饪小提示

紫背菜食用部分为嫩茎叶，嫩叶红色、老叶叶脉红色，质地柔软嫩滑，有一股特殊的清香，风味独特，可焯水后凉拌或作拼盘配料，也可清炒或做汤，做涮火锅的配菜也很不错。还可作馅，口感嫩滑，具有特殊风味。紫背菜的茎叶或肉质根还可泡酒、泡茶，具消暑散热、清心润肺的功效。紫背菜泡水后呈淡紫红色，味微酸带甘甜，郭沫若赞之曰“客来不用茶和酒，紫背天葵酌满情”。

土壤 对土壤要求不严格，但以疏松肥沃、富含有机质、地层深厚的土壤为佳。

温度 喜温暖环境，气温在16~26℃之间生长旺盛，枝叶生长最适温度25~30℃。夏季气温26℃以上植株生长缓慢，40℃以上停止生长。冬季当气温低于10度时即停止生长。气温下降到2℃时，地上部分全部冻死，-3℃时整株全部冻死。

阳光 较耐阴，在树阴或房屋前后隙地和向阴的地坎边均生长良好。光照充足时，其叶色更鲜艳亮泽。但忌烈日灼射，在炎热夏季强阳光的暴晒下，生长不良。

水分 喜湿润，需经常浇水。天气炎热干旱时早晚各浇水1次，其他季节2~3天浇水一次。

肥料 较喜肥，除施足有机基肥外，生长期和采收期还应根据生长情况多次追肥。

种植时间 紫背菜因节部易生不定根，栽培上均采用扦插繁殖。扦插多在春季（4~6月）和秋季（9~11月）进行。

1. 选充实节段，剪取长10厘米左右，具有3~4节的枝条带叶扦插于沙床上。
2. 扦插后遮阴，保持苗床潮湿，约十来天即生根。
3. 对定植地块要进行深翻，并施基肥，基肥以腐熟人畜粪为主，加入少量草木灰。定植株行距15厘米×30厘米，栽后立即浇水，促进成活。因扦插苗根系较弱，移苗时尽量带土，以减少伤根。
4. 定植一周后植株成活，即浇5%左右的稀薄粪水。
5. 定植后30~40天即可开始采收，采收时应采摘顶端具有5~6片叶的嫩枝，基部留两个节，以便继续萌发出新枝梢。只要环境适宜，全年都可陆续采收，春季5~6月和秋季9~11月产量最高，平均7~10天采收1次。每次采收后都要施一次追肥，用30%的稀粪水泼浇。每采收2~3次，要撒一些草木灰。

种植随笔

盆栽紫背菜

由于阳台空间有限，所以近两年我把精力和注意力正逐步向特菜方面转移，看到没有种过的蔬菜都想试种试吃。

一天上街，一位老人拦住我叫卖一种观音菜，说是新兴蔬菜，有多少多少好处，并说信佛的人最爱吃。我蹲下细看，才发现这捆皱巴巴、其貌不扬的观音菜竟是我一直求而不得的紫背菜，于是没有还价，花三元钱立马买下。

买回家后，由于要出去有事一天，就放在水里浸泡着。第二天才发现它不太吸水，叶片几乎全萎蔫。虽然当时是三伏天，天气十分炎热，高温一直在35℃以上，我还是把紫背菜分别扦插和水培了一些，水培的虽然天天换水，仍然是全部烂掉，扦插的成活了约1/5，有三棵存活下来。立秋后给它们换了一个好看的盆，现在已经长得很壮很漂亮。其实紫背菜当花卉种植也很美，特别新长出的紫红色叶片更美，而且好种，观赏期长。

种植小提示

由于紫背菜不耐霜冻，不耐炎热高温，在田间管理上夏季不能受旱，冬季注意保温，使其安全过冬。因此，夏季田间管理注重遮阴降温，遮阴既可增加产量，又可提高品质。除华南地区外，其他地区冬季均需覆盖薄膜或移入室内，方可安全越冬。

紫背菜耐阴，可以种植在花盆中摆放室内，也是不错的观赏植物。但深秋花期就不要摆放室内了，因为它是极少数开臭花的植物中的一种，其花具有明显的臭袜子气味。

12

富贵菜

别名 | 神仙菜、百子菜、鸡菜

特点

富贵菜原产于南非，菊科三七草属，为宿根多年生长常绿直立草本植物。我国主要分布在广东、海南、福建、四川等地。是一种半野生蔬菜，目前部分地区已经开始集中栽培。盆栽富贵菜摆放在室内，不但能观赏，还有杀菌和净化空气的作用。

营养价值

富贵菜是一种神奇的保健蔬菜，其茎叶中含有大量的铁、维生素C、藻胶素、甘露醇、维生素B、钾及多种氨基酸等营养元素，因而具有极强的降血压、降血脂、抑制糖尿病的奇特功效。高血压、糖尿病患者长期食用，天然抗病又可益寿延年，可谓是富贵菜巧治“富贵病”。富贵菜的根可入药，具有泻火凉血、生津之功效，民间用以治疗急性结膜炎、小儿高热、心肺积热等，对肝热、烟酒过多引起的上火作用明显。注意，孕妇不宜食用富贵菜。

烹饪小提示

富贵菜主要食用嫩茎叶，可凉拌、炒食、火锅或作汤，其味道清爽鲜美。将嫩梢洗净，放入沸水中稍焯，捞起沥去水分，凉拌时加入素油、精盐等调味。或加入姜丝、蒜、精盐等与嫩梢一起炒熟供食用。其叶烘干即为降压茶，饮用方便，国外称之为“救命神草”，当之无愧。

土壤 富贵菜适应性强，对土壤要求不严格，但以在排水良好、富含有机质、保水保肥能力强的微酸性土壤中生长最好。

温度 喜温暖，生长适温为20~25℃，低于15℃或高于35℃时生长缓慢或受阻，整株能忍耐3℃低温，遇-2℃时，地上部被冻枯死，故在华南地区能露地越冬，其余各地均须采取保温措施以利越冬。

阳光 较耐阴，但在日照充足的条件下生长健壮。夏季注意适当遮阴。

水分 喜湿润，怕积涝。良好的水分供应，是保证富贵菜获得高产、优质的基础。天气干旱时早晚各淋水1次，雨季要注意排水防涝。

肥料 较喜肥，除施足有机基肥外，生长期和采收期还应根据生长情况追肥，一般每半个月追肥一次。

种植时间 富贵菜一般很少结子，而其茎部具有很强的不定根形成能力，扦插容易成活，因此多以扦插法繁殖。扦插全年可进行，以春（3~5月）、秋（9~10月）两季为佳。夏天应选择阴凉地段作苗床，或加盖遮阳网降温，冬天选择避风温暖处，或者搭塑料薄膜小拱棚保温。

种植步骤

1. 从健壮的母株上取老熟茎作插条，每条长约15厘米、带5~10片叶，摘去基部叶片，插于沙床。扦插株行距为4厘米×10厘米。
2. 插后保持土壤湿润，15天后便可成活，成活后追薄肥一次。
3. 在定植土壤里施足腐熟的有机肥做基肥，扦插苗长出4~6片新叶时即可定植，定植株行距为30厘米×40厘米，定植后浇透水。
4. 定植一周后进入正常管理，增加日照并追肥一次。
5. 定植后30天即可采收，摘取长约10厘米、具5~6片嫩叶的嫩梢。以后每隔10日左右采收一次，每个枝条基部留1~2片叶。连续采收的植株一般不开花，可持续采收到深秋。
6. 冬季植株生长缓慢，一般不采收，停止施肥，减少浇水。除南方外，其他地区均需采取保温措施。顺利越冬后，来年春天即会重发新梢。

种植小提示

富贵菜很少结籽，一般都是购买带根苗或枝条，自行繁育。

富贵菜是多年生植物，顺利越冬后，春季即可重新焕发生机。因此不必每年扦插繁殖。但每3~5年植株老化后，生长速度下降，就需要重新扦插，培养新的植株。

13 土人参

别名 |

栌兰、人参菜、参草、紫人参

特点

土人参原产热带美洲，在西非、拉美的许多地区，早已成为大众蔬菜。中国的中部和南部以及台湾省均有栽培，可供观赏。土人参栽培容易，繁殖迅速，病少虫微，是近年来新兴起的一种叶菜类蔬菜。因其根外形及功能近似人参，故被誉为“南方人参”。一般盆栽和小面积种植，花近桃红色，具有较好的观赏价值。

营养价值

土人参含有丰富的蛋白质、脂肪、钙、维生素等营养物质。可辅助治疗气虚乏力、体虚自汗、脾虚泄泻、肺燥咳嗽、乳汁稀少等症，具有通乳汁、消肿痛、补中益气、润肺生津等功效。

种植方法

土壤 对土质要求不高，以疏松、肥沃的沙壤土为佳。

温度 喜温暖，较耐热，种子在15℃以上就可以发芽，20~30℃时生长良好。不耐寒，冬季霜打后枯死。

阳光 较耐阴，但在日照充足的条件下能长得更好。

水分 平时保持土壤湿润，但不能积水，积水容易烂根，因此宁干勿涝。

肥料 除基肥外，生长期还需追施浓度在20%~30%的淡肥水2~3次。

种植时间 露天栽培2~5月为最佳播种期，大棚栽培一年四季均可播种。

烹饪小提示

土人参嫩茎叶品质脆嫩、滑软多汁，无论炒食或做汤，均鲜嫩可口，营养丰富，食味独特。土人参嫩茎、嫩叶，在沸水中焯片刻，过冷水，起油锅加入蒜茸、姜丝，再加入土人参翻炒，调味即可。肉质根可凉拌，亦宜与肉类炖汤，药膳两用。凉拌时将新鲜肉质根洗净，切成丝状，依个人口味，加入少许醋、白砂糖、芝麻、盐及辣椒丝等拌匀调味即可。炖汤时将肉质根、排骨，加入枸杞适量，加水炖熟，调味即可。

1. 将土粒打碎，土面整平整。如土壤干燥，应先浇水，待水渗透后再播种。少量播种时也可直接用花盆育苗。
2. 将种子均匀撒在土里，然后盖一层细干粪或细沙，最后覆盖塑料薄膜。若在适温季节播种，可以省去育苗的步骤，直接在大田播种。
3. 保持床土湿润，一般7~10天即可发芽。
4. 出苗后，应及时揭除塑料薄膜。同时搭建遮阳物，以防强光照射或大雨冲淋，施1次人粪尿水。
5. 当苗株长至10厘米时，即可定植，株行距30厘米×30厘米。花盆种植一盆只留2~3棵。
6. 在植株生长到15~20厘米高度时，便可不断长出分枝，此时即可开始采摘。随着不断采摘，新的嫩芽层出不穷。此时再施一次人粪尿水。土人参若主要作蔬菜用栽培，可增施肥水，促进芽叶萌发，提高产量；如作药材用栽培，宜少施肥水，以增强药效和质量。
7. 土人参5月开始开花，边开花边结果，花期可延续到9月。果期为6~11月。开花结果期间，叶片仍可采摘。
8. 种子成熟后要分批采收，最好用小剪刀把成熟的果穗剪下，晾干后脱粒保存。待秋末冬初，将根挖出，除去茎秆及细须根，用清水洗净，刮去表皮，蒸熟晒干可作药用。

14

鱼腥草

别名 |
折耳根、截儿根、猪鼻拱、蕺菜、岑草

特点

鱼腥草为三白草科多年生草本植物。

鱼腥草味如其名，有一股鱼腥的味道，就跟榴莲、芝士一样，常常是爱者极爱，恨者掩鼻。鱼腥草广泛分布在我国南方各省区，西北、华北部分地区及西藏也有分布，常生长在背阴山坡、村边田埂、河畔溪边及湿地草丛中。

营养价值

长久以来，鱼腥草一直扮演药、食两用的双重角色。中医认为其他性寒味辛，能清热解毒、消肿疗疮、利尿除湿、健胃消食。现代医学也表明，鱼腥草中含有丰富的多糖、钙、磷等营养成分以及挥发油，对各种病菌、病毒有抑制作用，并能提高人体免疫调节功能。临床实践证明，鱼腥草对于上呼吸道感染、支气管炎、肺炎、慢性气管炎、慢性宫颈炎、百日咳等均有较好的疗效，对急性结膜炎、尿路感染等也有一定疗效。另外，鱼腥草还能增强机体免疫功能，具有镇痛、止咳、止血等作用。

烹饪小提示

鱼腥草是一种比较常见的药食两用蔬菜，常见的吃法有几种：一是将鱼腥草地下茎除去节上的毛根，洗净后切成2~3厘米的小段（也可将嫩叶加入其中），放入醋、酱油、辣椒粉、味精等佐料凉拌生吃，清脆爽口，但腥味较重；二是将地下茎连同嫩茎叶一同煮汤、煎、炒或炖，清香宜人，入口即化，略有腥味；三是腌渍加工成咸菜食用，酸香生脆，令人开胃。夏季常喝鱼腥草茶，可以清热祛火。鱼腥草茶制作非常简单，只需将少许新鲜鱼腥草择去杂质，用清水洗净，加水煮沸饮用即可。

土壤 以肥沃的砂质壤土及腐殖质壤土生长最好，不宜在黏土和碱性土壤中栽培。

温度 喜温暖环境，生长适温15~25℃。较耐寒，在-15℃以下仍可露地越冬。

阳光 喜阴凉，可种植在树下或北坡。

水分 喜湿润，不耐干旱和水涝。干旱季节应适时浇灌水，雨季应及时排水，忌田间长时间积水。

肥料 较喜肥，生长期和采收期还应根据生长情况追肥，以粪肥为主，草木灰为辅。

种植时间 鱼腥草种子发芽率仅为20%左右，因此不采用播种繁殖，常采用地下根茎繁殖或带根的壮苗分株繁殖栽培，一年四季均可进行，但以春季种植最佳，冬季和早春应注意防冻保温，夏季和初秋应注意遮阳保湿。

1. 3~4月将老苗的根茎挖出，选白色而粗壮的根茎剪成6~10厘米小段，每段带2个芽，按行株距20/20厘米开穴栽植，栽植深度为3~4厘米，稍稍镇压后浇透水，1周后可生出新芽。分株繁殖应在4月下旬挖掘母株，分成几小株，按上法栽种。
2. 栽种后注意浇水，需保持土壤潮湿，勤锄杂草。
3. 4~6月为快速生长期，可追肥2~3次，浓度由淡到浓。
4. 4~10月均可采收嫩茎叶以供食用，可多次采收，每次采收后追肥一次。鱼腥草5月左右开花，6~7月结果，开花结果不影响收获。药用的鱼腥草宜在花穗多、腥气味最浓时选天气晴好采收，收割后及时晒干。鱼腥草根在秋冬两季采挖较为理想，因这时根茎肥大、营养丰富。

5. 11月需追肥一次，加入少量草木灰，11月下旬开始谢苗，次年3月返青。

种植随笔

治病良药鱼腥草

我对鱼腥草不算陌生，母亲一直种它，但不是作为蔬菜食用，而是作为偏方治病。因为母亲患有支气管扩张，经常吐血，所以有中医推荐母亲用它泡水喝。喝了几年后，病症没有复发，母亲也就没有再管它，它就年复一年灿烂无比的在院子生长着。

一天在菜地里拔草，被一种我们这里土名叫毛辣子的毒虫叮了一口，又疼又痒，难受无比，并且我对这种小虫有过敏史，有一次被咬，手肿得像馒头，还去医院打了几针才好。所以我非常恐慌，就在小水沟里拼命清洗，同学知道原因后就说“你费那个力干什么？菜地里有的是鱼腥草，你采几片叶子揉出汁来一起敷上，一会儿就好了。”我将信将疑的采了几片，按她说的方法敷上，果真没多久就不痒了。同学说她在地头一直种了一小片鱼腥草，在菜地经常被蚊虫叮咬，随采随擦，方便又有效，还可以给家里的小孩擦，比什么花露水都有效。

听她这一说，我在家里也如法炮制，去母亲那儿随意拔了几棵鱼腥草，剪成五六厘米长的小段，插在一个长条瓷盆里。可能是阳光充足吧，鱼腥草呈漂亮的紫色。后来在缺少阳台的北窗台呆了一段时间，紫色就慢慢不明显了。鱼腥草管理粗放，想起来浇点肥就会生机勃勃，长势喜人。

15

景天三七

别名｜

费菜、土三七、救心菜、活血丹

特点

景天三七为景天科景天属多年生肉质草本植物，生于山坡岩石上和草丛中，主产我国北部和长江流域各省，具有园林用途、食用价值和药用价值。既可作为花卉盆栽或吊栽，调节空气湿度、点缀平台庭院，又是一种保健蔬菜，有很好的食疗保健作用。

营养价值

景天三七嫩叶和嫩稍等鲜食部位含蛋白质、碳水化合物、脂肪、粗纤维、胡萝卜素、维生素B_1、维生素B_2、维生素C、钙、磷、铁、剂墩果酸、谷甾醇、生物碱、景天庚糖、黄酮类、有机酸等多种成分。具有养心、平肝、降血压、降血脂，防止或延缓血管硬化等功效，长期食用能增强人体免疫力，对心脏病、高血压、高血脂、肝炎等有较好的疗效，是一种理想的保健蔬菜。景天三七全草可供药用，有止血、止痛、散瘀消肿之功效，其嫩叶可加工成养心降压保健茶。

烹饪小提示

景天三七无苦味，口感好，采下洗净可直接素炒，配肉、蛋、食用菌炒均可，还可涮火锅、炖菜、做汤、凉拌，是21世纪家庭餐桌上的一道美味佳肴。凉拌前需焯水，再加上佐料即可食用。因颜色鲜绿，脆嫩爽滑，食后倍感轻松，食欲大增，饭都要多吃几碗，故又名费菜。

土壤 对土壤要求不严格，以沙壤土和腐殖质壤土生长较好。

温度 喜温暖，生长适温20~25℃。较耐寒，能耐短时的-5℃低温，但低温会影响第二年的生长。因此，南方地区露地栽培的，冬季气温在0~5℃时，要用薄膜或草帘覆盖，以避霜雪。盆栽的可移到向南的屋檐下。北方地区则应搬进温室或温棚内越冬。

阳光 喜光照，阳光充足情况下长势旺盛。

水分 对水分要求不高，既耐干旱又耐涝。一般每周浇水2~3次。

肥料 较喜肥，生长期和采收期还应根据生长情况追肥，以粪肥为主，草木灰为辅。

种植时间 景天三七育苗期长达120天，一般不用播种法，而用扦插法繁育。以春季（3~5月）和秋季（8~9月）为佳。

种植小提示

田地栽培的景天三七，要每年添新土并做好土壤消毒。用旧土种植生长差，易烂根。

虽是多年生植物，但景天三七种植一年后，第二年长势衰弱，最好重新扦插或分株。

种植步骤

1. 剪取8~10厘米的嫩枝作插穗，留上端5~6片叶，扦插在黄沙中，扦插深度以2~3厘米为宜。扦插后浇足水，上盖薄膜，置于半阴处。

种植随笔

景天三七，养眼又救心

景大三七我一直当花在养，养了十几年，因为它皮实又美丽。在湖北地区最低温-5℃时，它也可以在露地过冬，不需要进行额外保护；炎热的三伏天，它也不畏惧，随便给点水就能顺利渡过。一年四季郁郁葱葱，春夏开出漂亮的小黄花，种在花盆里，是一道靓丽的风景。

一次看到一本种菜的书，专门介绍了救心菜，当时心里一喜，这不就是咱家最好养的景天三七吗？原来它还有这么摩登的一个名字，能吃，而且还有那么多功效，是真的还是假的？后来通过与菜友交流，以及上网查询，才知道确有其事。于是采来嫩茎叶，素炒一盘，味道真还不错。

景天三七繁殖简单，易于成活，春、夏、秋三季均可扦插，扦插土要求不高，园土最好，枝条可长可短，最短两叶也可成活，扦插后浇透水，春秋扦插半个月左右即可生根。也可以分兜，就是将一兜分成若干兜，在盆底放点腐烂好的有机肥，种后浇上水，不久又是一大盆。一般可盆栽，可以用长条菜盆，也可以用吊盆，如果栽在大田里长势更好。

2. 每天向叶面喷水1~2次，保持空气湿度90%左右，温度25℃。7~10天即可生根。
3. 生根20~30天后即可移栽定植，定植在施好基肥的土壤中，定植行穴距为30厘米×25厘米，每穴2~3株。花盆种植时，可适当密植。
4. 当嫩枝生长至20厘米时即可采收，采收时在基部留3~5厘米即可。每收割一次后，结合浇水施粪肥和少量磷钾肥，并经常保持土壤湿润。一年可收获3~5次。开花不影响收获。

16

紫苏

别名 |

赤苏、红苏、黑苏、红紫苏、皱紫苏

特点

紫苏为唇形花科一年生草本植物，叶片具有特异的芳香，原产中国，在我国种植应用约有近2000年的历史，我国华北、华中、华南、西南及台湾省均有野生种和栽培种。紫苏高60~180厘米，茎四棱形，叶边缘有粗锯齿。紫苏主要用于药用、油用、香料、食用等方面，全株均可入药，近些年来，紫苏因其特有的活性物质及营养成分，成为一种备受世界关注的多用途植物，经济价值很高。

营养价值

紫苏全株均有很高的营养价值，特别富含胡萝卜素、维生素C、B_2等。丰富的胡萝卜素、维生素C有助于强增人体免疫功能，增强人体抗病防病能力。其所含挥发油等物质还具有特异芳香。作为食品，它具有低糖、高纤维、高胡萝素、高矿物质元素等特性，是理想的健康食品，经常食用能强身健体、泽肤、润肤、明目并健美。紫苏同时还是临床常用药品，以茎、叶及籽入药，有散寒解表，理气宽中之功效。主治感冒发热、怕冷无汗、胸闷咳嗽，还能消解食用螃蟹引起的腹痛、腹泻、呕吐等症。

烹饪小提示

紫苏的嫩枝、嫩叶凉拌或作汤，味道鲜美，茎叶可腌渍食用。南方许多地区习惯在烧鱼时加入紫苏，能祛除腥气，并有特殊香味，能提鲜增香。紫苏红糖粥可用作感冒风寒、咳嗽、胸闷不舒的调理食物。将紫苏叶洗净沥水，放入杯内用开水冲泡，放入白糖成清凉饮料，具有健胃解暑的功效，在炎热天气饮用，可增强食欲，助消化，防暑降温，还可预防感冒、腹胀等病症。注意，气表虚弱者忌食紫苏，紫苏叶不可与鲤鱼同食，易生毒疮。

种植方法

土壤 紫苏适应性很强，对土壤要求不严，排水良好的疏松肥沃的沙壤土、壤土均可种植，重黏土生长较差。

温度 紫苏性喜温暖气候，种子在地温5℃以上时即可萌发，适宜的发芽温度为18~23℃。生长和开花适温22~28℃，可耐1~2℃的低温，但植株在较低的温度下生长缓慢。夏季生长旺盛，温度过高时，叶片组织容易老化，品质下降，因此必须采取遮阴降温措施。

光照 喜光照，较耐阴。光照充足则生长快速，枝叶茂盛且香气浓郁。在较阴的地方也能生长，但长势稍差。

水分 较耐湿，不耐干旱，如过于干燥，则茎叶粗硬、纤维多、品质差。

肥料 紫苏对肥料需求较多，应多施基肥，并在生长期进行多次追肥。

种植时间 长江流域及华北地区可于3月末至4月初露地播种，也可育苗移栽，5~9月可陆续采收，保护地9月至次年2月均可播种或育苗栽种，11月至次年6月收获。

1. 将种子在40℃温水中浸20分钟，使种子外壳软化后，再在常温中浸2小时捞起沥干，用五倍细沙拌匀后准备播种。
2. 播种前苗床要施足基肥，浇足底水，将种子均匀撒播于床面，盖一层见不到种子颗粒的薄土，再均匀撒些稻草覆盖，以保温保湿，经7~10天即发芽出苗。
3. 发芽后注意及时揭除覆盖物，及时间苗，一般间苗3次，以达到不拥挤为标准，苗距约5厘米见方，最后一次间苗时需追肥一次。
4. 紫苏具有4~6片真叶时即可定植（冬季苗龄45天，夏季苗龄25~30天左右），按照行距30厘米，株距20~25厘米定植，定植后要浇透水，以利成活。除露地栽培，紫苏也可盆栽，一个直径20厘米的花盆中可种植1~3棵，极具观赏性。
5. 在整个生长期，要求土壤保持湿润，利于植株快速生长。每10~15天追肥一次。
6. 定植后20~25天后，菜用紫苏，可随时采摘叶片，采摘可一直持续到开花结果。
7. 作药用的苏叶，于秋季种子成熟时，即割下果穗，留下的叶和梗另放阴凉处阴干后收藏。种子晾晒7~10天，脱粒后放在阴凉干燥处保存。

种植小提示

紫苏种子属深休眠类型，采种后4~5个月才能逐步完全发芽，如果需要立即种植，则要置于低温3℃及光照条件下10天，后置于15~20℃光照条件下催芽12天，种子发芽率可达80%以上。

紫苏种子有效期较短，以收获后一年内的种子为最佳。

紫苏定植活棵后长到15厘米时要摘去顶心，当侧枝7~8片叶片时也要及时摘心，有利于提高叶片产量和质量。平时管理要随时除去老叶、黄叶、病叶及畸形叶片，减少不必要的养分浪费，减轻病害发生。

17

薄荷

别名｜

苏薄荷、水薄荷、鱼香草、人丹草、蕃荷菜

特点

薄荷是唇形科薄荷属多年生宿根性草本植物。全世界薄荷属植物约有30种，薄荷包含了25个种。薄荷为芳香植物的代表，品种很多，每种都有清凉的香味。花色有白、粉、淡紫等，低调而不张扬，组成唇形科特有的花茎。中国大部分地方如江苏、浙江、江西等都有出产，主要品种有胡椒薄荷、绿薄荷和留兰香薄荷等。

营养价值

医学上，薄荷叶有散热、清咽、消炎等作用。薄荷所含的薄荷脑、薄荷素油等物质，能够帮助身体消炎止痛，同时还能治疗感冒发烧，以及咽痛的现象，更是降低血压的一大良方。同时，对消化道以及呼吸道有着缓解作用，如产生恶心、消化不良、便秘以及腹胀等现象，都可以适当食用薄荷，缓解不适症状。薄荷叶的清香还能够缓解紧张的情绪，并帮助人们从疲劳的状态下释放出来，有利于改善睡眠质量，使人变得精神百倍。经常食用或饮用薄荷泡的茶，可以促进血液通畅，同时还能强身健脾、增强体质。

烹饪小提示

薄荷叶具有清凉口感和宜人香气，一般用作调味剂，煮粥、烧菜或用于甜品中，都是不错的烹饪方法。薄荷叶还可以用于泡茶或泡酒，饮用有清凉感，是清热利尿的良药。

种植方法

土壤 对土壤要求不严，一般均能生长，以疏松肥沃、排水良好的沙壤土为好。

温度 喜温暖环境，根茎在5~6℃就可萌发出苗，适宜生长温度为20~30℃，地上部能耐30℃以上温度，0℃地上部分即枯萎，根比较耐寒，-30℃仍能越冬。

阳光 喜光照，日照时间对薄荷的营养价值有较大影响，光照不充足、连阴雨天，薄荷油和薄荷脑含量低。日照时间长，能使用薄荷香味更浓郁，保健效果更佳。

水分 水分对薄荷的生长发育有较大的影响，枝叶的快速生长期要求水分较多，需经常浇水保持土壤湿润，土未完全干透就要浇水。现蕾开花期需要干燥的天气，所需水分较少，应减少浇水次数。

肥料 施肥以氮肥为主，薄肥勤施，除基肥外，生长期和采收期还应根据生长情况追肥。

种植时间 薄荷的分株繁殖简单易行而广为应用，一年四季均可，以春、秋两季为佳，但应尽量避免酷热和严寒季节。

种植
步骤

1. 选择没有病虫害的健壮母株，使其匍匐茎与地面紧密接触，浇水、追肥两次。待茎节产生不定根后，将每一节剪开，带芽种植后就是一株秧苗。
2. 定植施腐熟有机肥作基肥，深翻土地，耙平整细。定植时要按行株距50/35厘米栽植，每穴1株。盆栽薄荷，一个直径15厘米的花盆中种植1~3株。
3. 定植后要浇足定植水，使土壤保持湿润，促进新根发生成活。缓苗后及时中耕除草，保持土面疏松无杂草，且可避免土壤板结。为了使枝叶不相互遮光，要及时导引地上茎和地下茎的生长方向，使它们不至于拥挤。
4. 薄荷叶一年四季都可采摘，以气候适宜的4~8月产量最高，品质最佳。开花不影响收获。采摘期每隔15~20天追肥一次。菜用薄荷可随用随采，药用薄荷一般每年采收两次，第一次是在小暑节前5~6天，叶正茂盛，花还未开放时，割取地上部分；第二次是在秋分至寒露间，花朵盛开，叶未凋落时。药用以第二次采收的为最好。两次采收的茎叶可洗净、切断、晒干，放瓮中防失香气或被霉蛀，供全年药用。
5. 秋季应逐渐减少浇水施肥，为越冬作准备。若冬季有保暖设备，则地上茎叶可常绿常收。

种植小提示

薄荷不耐连作，种植过薄荷的土地或土壤，三年内不应再种植薄荷。
薄荷属多年生植物，根系发达，每年春季翻盆换土时，可分离出大量的植株。
用挂盆种植薄荷，别有一番韵味，可作为绿植欣赏，并净化空气。

18

益母草

别名｜

益母蒿、益母艾、红花艾、坤草、九塔花、山麻、九节草

特点

益母草为唇形科益母草属一年或二年生草本植物，夏季开花。生于山野荒地、田埂、草地等。全国各地均产，京津、河北等地有小规模种植。益母草原名茺蔚、坤草，始载于《神农本草经》，全草入药，具有活血化瘀、调经利水、祛瘀生新、消肿止痛之功效，为妇科经产之圣药，故得“益母”之名。

营养价值

益母草嫩茎叶含有蛋白质、碳水化合物等多种营养成分，其性微寒味辛苦，具有活血、祛瘀、调经、消水的功效，常用于女性月经不调、痛经、经闭、难产、产后瘀血腹痛、恶露不尽、以及跌打损伤、水肿、皮肤痒疹和疮疡肿毒等症。益母草还含有多种微量元素。硒具有增强免疫细胞活力、缓和动脉粥样硬化之发生以及提高肌体防御疾病能力之作用；锰能抗氧化、防衰老、抗疲劳及抑制癌细胞的增生。所以，益母草还能养颜美容，抗衰防老。

烹饪小提示

益母草的食用方法很多，不但可用来治病，还可以搭配其他食材，作出美味食谱。上汤益母草，是益母草最常见的烹饪方法，将益母草鲜叶和皮蛋、瘦肉、蘑菇、枸杞等一起煮食，味道鲜美清香，有益肾活血，通经止痛之功效。益母草与鸭肾、薏仁同煲，可带出益母草独特的香草味，而在湿气重的季节，薏仁与益母草，一个去湿气，一个清热去滞，是令人一身轻松的良菜。此外，早餐常吃益母草红糖水煮荷包蛋，对女性朋友的痛经有很好疗效。但要注意，孕妇禁食益母草。

种植方法

土壤 一般土壤均可栽种。但以土层深厚、富含腐殖质的壤土及排水好的沙壤土栽培为宜。

温度 喜温暖环境，较耐严寒。种子的发芽温度为15~40℃，但在30~35℃时萌发最早，发芽率最高。其适宜生长温度为20~30℃，5℃以上可露地越冬。

阳光 喜光照，日照时间对益母草的营养成分有较大影响，充足光照能让益母草生长发育良好，药用效果更佳。

水分 喜湿润怕积涝，平时需要充足水分条件，一般每周浇水2~4次。雨季雨水集中时，要防止积水，应注意适时排水。

肥料 施肥以氮肥为主，薄肥勤施，除基肥外，生长期和采收期还应根据生长情况追肥。

种植时间 一般多采用种子直播繁殖，3~10月均可播种，以4~6月最佳。

1. 先整地做畦并施足基肥，行距20~30厘米，划1~2厘米深的浅沟，将种子均匀撒在沟内，覆土推平浇水。
2. 保持土壤湿润，15天左右即可出苗。
3. 当苗高5~10厘米时，按株距10~15厘米定苗，并适时松土除草，小水勤浇。若作盆栽观赏，可依据盆径的大小，以每盆3~5株为宜。
4. 当植株开始抽茎开花时，要追施1~3次充分腐熟的液肥。盆栽植株应放置在通风、朝阳的阳台等处养护，保持盆土湿润，每20天左右追施稀薄的腐熟液肥，不可使盆土长期干旱缺水，以保证植株生长茂盛，花开不断。
5. 菜用益母草可根据需要摘取嫩梢、嫩叶。药用益母草在夏、秋时节植株开花70%左右时收获，将全株拔起，洗净泥土，及时晒干存放。
6. 留种株须在秋后种子成熟后采收，晒干，放在阴凉通风处保存，以备来年种植。

19

车前草

别名 |

车轮菜子、猪耳朵棵子、车前草、五更草、田灌草

特点

车前草属车前科车前属多年生草本植物，生长在山野、路旁、花圃、菜园以及池塘、河边等地，全国各地均有分布，广西人叫猪肚菜、灰盆草，云南人叫蛤蚂草，福建人叫饭匙草，青海人叫猪耳草，上海人叫牛甜菜，江苏人叫打官司草，东北人叫车轱辘菜。车前草不仅可药用，还可食用，深受人们喜爱，《诗经》中称车前为“芣苢”。《救荒本草》中车前草也位列其中，成为荒年的替代食物之一。

营养价值

车前草富含蛋白质、钙质和维生素C，还有胆碱、钾盐、柠檬酸、草酸、桃叶珊瑚苷等多种成分。车前草是利水渗湿的一味中药，具有清热利尿、凉血、解毒之功效。主治小便不利、痰热咳喘、肝热目赤、咽喉肿痛等。

烹饪小提示

车前草嫩叶及种子均可食用，采嫩叶洗净，先以沸水烫过一遍，去除草酸等物质，再凉拌、炒食或煮粥、煮汤。秋季采收种子，可煮粥或制酱食用。将车前叶和葱白择净，水煎取汁，加白米煮粥，经常食用，可清热祛火。

土壤 对土壤适应性较广，但以土层深厚、疏松肥沃、排水良好的砂壤土为佳。

温度 喜温暖、较耐寒，不耐热。车前草种子在20~24℃发芽较快，32℃以上高温不发芽。茎叶在5~28℃范围内都能正常生长，28℃以上停止生长，气温超过32℃地上部分生长受到抑制，茎叶凋萎。冬季可耐-10℃低温而不易冻死。

阳光 喜光，在阳光充足的条件下生长，叶片肥厚，植株粗壮，开花多，果实成熟率高。在弱光荫蔽条件下也能生长，但植株柔嫩，易感染病虫害。

水分 车前草在不同生长时期对水分的要求不同，苗期喜湿润环境，成株后抗旱性特强，在久旱无雨的条件下也能成活。抽穗期根系吸收能力旺盛，最怕水涝，需及时排出多余水分。

肥料 车前草喜肥，除基肥外，要追肥2~3次。以氮肥为主，开花结果期需要加施磷钾肥。

种植时间 春季3~4月，秋季9~10月均可播种栽培。

1. 播种前将土地深耕20~30厘米，施足基肥。
2. 采取条播法，按行距30厘米开沟，播后覆土以不见种子为度并浇透水。
3. 播后10天左右出苗。出苗后除去杂草。
4. 苗高3~4厘米时，拔除过密苗，保持每株间距10厘米，间下的嫩苗可食用。

车前草名字的来历

相传西汉时有一位名将叫马武。一次，他率军队去戍边征战，被敌军围困在一个荒无人烟的地方。不少士兵和战马都得了血尿症，因缺医少药，痛苦不堪。一个名叫张勇的马夫无意中发现他的三匹马在啃食了地面上生长的牛耳形的野草后，尿血症状明显好转。他灵机一动，拔了一些草，煎水一连服了几天，感到身体舒服了，小便也正常了。张勇马上把这个发现报告给马武，马武大喜，立即号令全军吃“牛耳草”。几天之后，全军人马病情得到控制。马武问张勇：“牛耳草在什么地方采集到的？”张勇向前一指，“将军，那不是吗？就在大车前面。”马武哈哈大笑：“真乃天助我也，好个车前草！”此后，车前草治病的美名就传开了，因为此草爱长在路旁，所以又被称为当道草。

5. 每月或隔月施用人粪尿一次，干旱季节，结合浇水，将粪水加入水中。
6. 菜用车前草可根据需要随用随采，药用可在生长茂盛但尚未开花前连根拔起，洗净泥土，晒干备用。
7. 成熟的车前草种子易散落，要密切注意成熟期，适时采收。一般在夏秋两季果实成熟时，剪取果穗，铺放在席上晒干，注意防雨淋湿，否则种子易黏化腐败。用木棒打下种子，去净枝叶等杂质，再将种子充分干燥即可。

20

黄秋葵

别名 |

秋葵、羊角豆

特点

黄秋葵属锦葵科一年生草本植物，原产非洲，现世界各地均有分布。20世纪初由印度引入我国。黄秋葵开黄色的花朵，以嫩果供食用，果实有点像辣椒，一般黄秋葵长度为5~10厘米，细长颇似人的手指，在印度、欧洲等地又名“女人指”。

营养价值

黄秋葵具有低脂肪、低热量、无胆固醇的特点，是具有较高营养价值的新型保健蔬菜。其嫩荚营养丰富，特别是蛋白质和钙含量都较高。其所含的维生素A能有效地防护视网膜，确保良好的视力，预防白内障；果胶和多糖等组成的黏性物质，具有促进胃肠蠕动、防止便秘等保健作用，适当多食可增强性功能。另外黄秋葵低脂、低糖，可以作为减肥食品；由于其含锌和硒等微量元素，可以增强人体防癌抗癌能力；其富含维生素C可预防心血管疾病发生，提高免疫力。美国人称黄秋葵为“植物伟哥”，日本人称其为“绿色人参”，经常食用可保护肠胃和肝脏，并能增强身体耐力和强肾补虚。

烹饪小提示

黄秋葵具有特殊香气和风味，能助消化，解辛辣。其食用方法很多，可热炒、凉拌、油炸、色拉、做汤，凉拌前切去果蒂，勿切破果实，入沸水中烫3~5分钟，然后蘸酱或拌入调味料食用。炒食前同样需入沸水烫1分钟，然后切片旺火快炒。滴入少许食醋，可减少黄秋葵片的黏滑性，口味更佳。

种植方法

土壤 对土壤适应性较广，但以土层深厚、疏松肥沃、排水良好的壤土或沙壤土较宜。

温度 喜温暖、怕严寒，耐热力强。当气温高于15℃，种子即可发芽。但种子发芽和生育期适温均为25~30℃。月均温低于17℃，即影响开花结果；夜温低于14℃，则生长缓慢，植株矮小，叶片狭窄，开花少，落花多。26~28℃适温开花多，坐果率高，果实发育快，产量高，品质好。

阳光 黄秋葵对光照条件尤为敏感，要求光照时间长，光照充足。应选择向阳地块，加强通风透气，注意合理密植，以免互相遮阴，影响通风透光。

水分 耐旱、耐湿，但不耐涝。黄秋葵植株高大，需水较多，在出苗和定苗后应各浇1次水，开花坐果期要经常浇水，保持土壤湿润。特别是7~8月高温天气正值采果盛期，需水量大，更应保持水分供应。但雨水过多时，应及时排水，以免造成涝害。

肥料 在生长前期以氮肥为主，中后期需磷钾肥较多。但氮肥过多，植株易徒长，开花结果延迟，坐果节位升高；氮肥不足，植株生长不良也会影响开花坐果。

种植时间 露地栽培，南北各地多在4~6月播种，7~10月收获。北方寒冷地区常用日光温室、塑料大棚集中育苗，待早春晚霜过后再定植。

1. 播种前将土地深耕20~30厘米，施足基肥。
2. 播种前用20~25℃温水浸种12小时，然后擦干，于25~30℃条件下催芽48小时，待一半种子露白时即可播种。
3. 按行距80厘米、株距50厘米挖穴，先浇足底水，每穴播种2~3粒，覆土2~3厘米。约7天出苗。
4. 第1片真叶展开时进行第一次间苗，去掉病残弱苗，并供应充足水分。
5. 当有2~3片真叶展开时定苗，每穴留1株壮苗，并追肥一次。定苗后应经常中耕除草，并进行培土，防止植株倒伏。
6. 开花坐果期要经常浇水，并追肥一次。当果实长到长度5厘米以上时，即可采摘。黄秋葵果实很容易变老变硬，这时口感就较差了，要及早采摘，宁嫩勿老。
7. 留种的果实成熟后，会呈现出黄白花纹，棱角交接处开裂，这时就可以采收了，摘下后晒干在剥出种子干燥保存。

种植随笔

大田秋葵长得壮

最早接触黄秋葵，是前年春天从网友黑妹那里分享了8粒黄秋葵的种子。其实当时对这个品种一点了解也没有，向黑妹请教后，又在网上查了资料，在早春播种了6粒，经过催芽有3粒已经发芽，没想到播种后1粒也没有出苗，只到四月底气温稳定后，才小心翼翼地再次播种，这次2粒全部出苗。

考虑到新品种在阳台种植可能不适应，除了在阳台花盆种了一棵外，在大田也种了一棵。就是这一念间，才让我种植成功，并看到了黄秋葵的美丽容貌，也尝到了它那可口的味道。

菜地里的那棵黄秋葵，和红薯一起种在了一个地角里，根本就没有怎么管它，没有浇过水，更没有施过肥，因为红薯是管理非常粗放的品种。没想到那棵黄秋葵却长得灿烂无比，结了几十个果实，从6月到10月一直在开花结果。开的花那叫一个漂亮，很像单瓣的蜀葵，叶片也很美。

阳台的这棵黄秋葵，给了它最好的条件和关照，用的是特意买的漂亮瓷盆，放在阳光雨露最好的地段，浇水施肥一样也不马虎，一天要看上它好几遍，每长一片叶都会带给我惊喜和希望，可是越在意却越长得不好，开始还有个可爱的小模样，后来有花蕾后就开始掉蕾，接着是叶片枯黄掉落，最后烂根，虽然用换盆等措施进行了抢救，但为时晚已晚，连一朵花一个果也没有看到就挂了。究其原因，一是好看的瓷盆不透气，二是梅雨季节没有及时将它移入屋檐下，积水过多。

地里的黄秋葵虽然获得大丰收，我却舍不得多吃，留了很多种，将来希望在阳台种植成功，并且要在大田种上一大片。

第五章

地方特色蔬菜

俗话说，一方水土养育一方人，同样，一方水土也养育一方菜。我国地大物博，各地的气候以及土质、水质等因素造就了最适宜本地生长的特色蔬菜品种，这些品种通过长期的进化与演变，已经形成了独具一格的形态特征和食用风味，让人记忆深刻、念念不忘。为了满足种菜爱好者的需要，本章特选取10个原产中国各个省份或地区，目前尚未广泛种植，但又深受人们喜爱的品种，讲述它们的特点和种植方法。

21

冬寒菜

别名｜

冬苋菜、葵菜、冬葵菜、马蹄菜、滑肠菜

特点

冬寒菜是锦葵科锦葵属一年或两年生草本植物，叶圆，边缘折皱曲旋，一把菜好像一群小蒲扇，深绿色的叶片很厚实，长着绒毛，入口爽滑。其食用期由幼苗开始直至开花初期，是一种供应期较长的绿叶蔬菜。因其生长期长，产量不高，一般多只在地边或零星地栽培，很少用菜地做大面积种植。现在湖南、四川、江西、贵州、云南等省仍栽培冬寒菜以做蔬菜食用；北京、甘肃会宁等地也偶见栽培。冬寒菜与它的近亲蜀葵、锦葵植株和叶形都很相似，但蜀葵、锦葵都是观赏花卉，不能食用。

营养价值

冬寒菜食用部分为其嫩茎叶，营养丰富，除蛋白质、碳水化合物外，还富含磷、胡萝卜素、抗坏血酸。从中医角度来讲，冬寒菜性寒味甘，具有清热、舒水、滑肠的功效，可治肺热咳嗽、二便不通、丹毒等病症。但须特别注意，孕期妇女不能食用冬寒菜。

烹饪小提示

冬寒菜可凉拌、作汤、炒食，其口感细腻滑润，味道清香。现在比较流行的吃法是将冬寒菜切碎拌入即将煮好的粳米粥中，菜煮熟后一同食用。此粥可根据个人喜好加入盐和香油。

种植方法

土壤 对土壤的要求不严，不论瘠薄、肥沃均可种植。但以排水良好、疏松肥沃的土壤为佳。不宜连作，最好间隔3年以上。

温度 不耐高温，抗寒能力较强，耐轻霜，低温还可增进品质。生长适温为15~20℃。30℃以上的高温下，易生病害，低于15℃植株生长缓慢。

日照 喜阳光，最好种植在全日照的环境下。

水分 较耐旱，冬、春季8~10天浇水1次，秋季5~7天浇水1次即可。

肥料 需肥量大，耐肥力强。施肥以氮肥为主，播种前需埋入基肥，快速生长期每10天随水追施一次腐熟的粪肥。

种植时间 春秋两季皆可播种，秋季种植可持续收获到翌年春天。

1. 采取条播的方式，每条间隔5厘米，播种后不用盖土，浇透水。
2. 一般3~7天发芽，发芽后要避免暴雨冲淋和太阳暴晒。
3. 幼苗长到3片真叶时，按株行距5厘米×5厘米的标准及时进行间苗并除草。
4. 当幼苗5片真叶时要定植，株行距为25厘米×15厘米，同时进行中耕松土，促进根系发育。如果是种在花盆中，则一个花盆中定植1~3株。
5. 冬寒菜一般株高15厘米时即可采收，采收时茎基部留1~2节，待侧枝萌发后，可再次收获。一般在旺盛生长期每5~7天采收1次。跨年生长的冬寒菜可达到1米多高，每片叶子比成年人手掌还要大。
6. 冬寒菜可以自己留种子，花后果实颜色变深即可采收，晾干后放在干燥阴凉处保存。

蜀葵

锦葵

冬寒菜的从盛到衰

冬寒菜在我国自西周时期就有栽培，那时称为“葵”或“葵菜”。中国2500年前的诗歌总集《诗经·豳风·七月》中有“六月食郁及薁，七月烹葵及菽”的诗句，表明葵已作为蔬菜食用。其后，许多典籍都把“葵”列为由“葵、藿、薤、葱、韭”等组成的“五菜”之首。“青青园中葵，朝露待日晞”则更有名了，“园中葵”引出了千古名句“少壮不努力，老大徒伤悲”。这些遥远的诗篇，似乎只是为了诉说一种名为“葵”的蔬菜曾经以多么重要的地位出现中国人的餐桌上。北魏贾思勰《齐民要术》里，葵被列在种植蔬菜目录里的第一位，春天秋天冬天都可以种。

到了宋代，葵已经失去了常备蔬菜的席位。元明之后，葵在蔬菜界地位越来越低。《本草纲目》中，只剩冬葵作为“草”被记载。而冬葵留下的原因，据说是因为药效很好。

到如今，仅有少数几省还保留着种植与食用冬寒菜的习惯。但最近蔬菜的“复古”之风兴起，冬寒菜又慢慢进入家庭种菜爱好者的视野。古时的“百菜之王”在现代能否再续辉煌？我们拭目以待吧。

22

海南黄灯笼椒

别名｜

黄帝椒、黄辣椒

特点

黄灯笼椒是海南岛独有的一种地方辣椒品种，辣度为世界辣椒之首。植株主要分布于海南岛东南、西南的沿海区域，播种至开花约110天，至大量收获约145天。生长势强，株高80~130厘米，分枝能力极强，株高茂盛。叶浅绿色至深绿色，叶表无毛。未成熟果绿色或绿白色，成熟果实黄色或金黄色，果实在植株上为持久型，果面条沟多，果皮较硬，果梗长。

营养价值

黄灯笼椒营养价值很高，堪称“蔬菜之冠”。果实含有丰富的维生素C、β-胡萝卜素、叶酸以及镁、钾等多种矿物质，能促进消化液分泌，让人食欲大振。其中所含辣椒素具有抗炎及抗氧化作用，还能加速脂肪分解，有减肥的作用。同时，因为黄灯笼椒含丰富的膳食纤维，所以降血脂的作用也很明显，并有一定的抗癌作用。经常食用黄灯笼椒，能增加饭量，增强体力，改善怕冷、冻伤、血管性头痛等症状。

烹饪小提示

黄灯笼椒由于其辣度特强，所以一般不作配菜，而是作为调味料食用，应用于各种美食，尤其适用于川菜和火锅中。成熟后的黄灯笼椒可以制成辣椒酱或泡椒，或者晒干后作干辣椒使用。

土壤 土层深厚肥沃，富含有机质和透气性良好的沙壤土。

温度 属喜温作物，种子发芽的适温为25~30℃，温度超过35℃或低于10℃都不能发芽。生长发育的适宜温度为20~30℃，果实发育和转色，要求温度在25℃以上。低于15℃生长发育完全停止，持续低于5℃则植株可能受害，0℃时植株易产生冻害。怕炎热，白天温度升到35℃以上时，易落花不易结果。

日照 属喜光植物，除发芽阶段，其他生育阶段都要求有充足的光照。幼苗生长发育阶段需要良好的光照，这是培育壮苗的必要条件，对以后的产量有很大影响。结果后，充足的光照有利于果实成熟变色。

水分 既不耐旱也不耐涝，端午前后要及时排除过多雨水，夏季高温时期早晚要各浇一次水。在开花期，浇水不宜过多过勤。果实发育和成熟期，应保持土壤湿润。盆栽辣椒一般晴天每天浇水一次即可，忌根部积水。

肥料 需肥量大，耐肥力强。施肥以氮肥为主，播种前需埋入基肥，快速生长期每15天随水追施一次腐熟的粪肥，开花结果期需加施磷钾肥。

种植时间 北方4~5月种植，南方3~4月或8~9月种植。但以春季种植为佳。

1. 将种子放在阳光下暴晒2天，然后用25~30℃的温水浸泡12小时。
2. 将种子均匀撒到育苗碗里，再用一层0.5~1厘米厚的细土覆盖，然后浇足水。
3. 70%小苗拱土后，要趁叶面没有水时向苗床撒0.5厘米厚细土，可以防止苗倒根露。

种植随笔

盆栽“灯笼树”

人们常说贵州人不怕辣，湖南人辣不怕，四川人怕不辣。由此可见，辣椒是多么地深入人心。作为湖北人，我既不像上述三省的人那样无辣不欢，但也不像广东、福建、上海等地一样，滴辣不沾。我爱种辣椒，除了大个的菜椒，还有小个的朝天椒，此外，五彩椒、珍珠椒、白玉椒等观赏椒也种植了不少。同时，还不断收集新鲜品种并尝试种植。

去年，我从朋友那里分享到海南黄灯笼椒，这种辣椒超辣，朋友给我的种子是一整只辣椒，我直接用手掰开取出种子，结果手辣了两天，用肥皂水洗过几遍方才舒服些。

黄灯笼椒在清明后播种，出苗期较长，同一天播种的其他观赏椒全部出苗后，它才姗姗来迟。定植后长势很快，一个劲地往上蹿，虽然进行过摘心，但是它还是不肯分枝，坚定不移地向上拓展空间。一直长到18~20片叶后，才开始二变四，四变八，最终长成了一棵1米来高的“树”。

由于种植较晚，将漫长的夏季熬过以后它才开始结果。果实刚开始是绿色，最终长成干净、明亮、耀眼、靓丽的黄色。果实由绿变黄的过程，是一个十分美好的享受过程。

4. 当幼苗长至5片真叶时，即可定植，株行距20厘米×30厘米。也可选用直径15~30厘米的花盆，每盆种1~2棵为宜。定植15天后追施人粪尿及少量磷肥，并结合中耕培土。
5. 7~8月结合抗旱可每10天左右浇一次粪水。花开后到坐果期间适当减少浇水量。
6. 一般花谢后3~4周，果实充分膨大、色泽金黄时就可采收。可结合第一批采摘，进行整形剪枝。剪枝时只留主枝和2~3根分支，其余部分全部剪掉。注意用比较锋利的修枝剪刀剪枝。剪枝大概1个月后辣椒又会开始开花结果。
7. 灯笼椒可以持续收获2~3个月，如果需要自留种子，应选择结在中部、个大、饱满、无病虫害的果实，等待完全变黄就可以采摘。剥出种子放在太阳下晒干放在阴凉干燥处保存，等到来年种植即可。

23

四川胭脂萝卜

别名 |

涪陵红心萝卜

特点

胭脂萝卜为十字花科萝卜属二年生蔬菜作物，是重庆市涪陵区的一个地方品种，是涪陵三大特产之一，曾为贡品。主产涪陵，四川、贵州等地也有生产。其叶绿色，叶柄及茎筋红色，根茎皮肉全为紫红色，质地脆嫩、辣味小、品质好。早中熟，抽薹晚，不易糠心，抗病力较强。

营养价值

胭脂萝卜所含的核黄素及钙、铁、磷等，比梨、橘子、苹果还要高，尤其是维生素C含量比苹果高10倍，比梨高18倍，因此有“萝卜赛梨”之说。除了上述维生素和微量元素外，还有淀粉酶和氧化酶等人体所需的成分，进食萝卜有消食、顺气、化痰、止咳、利尿、补虚等作用。所以常吃萝卜对人体非常有益，民谚中就常有“冬吃萝卜夏吃姜，不劳医生开药方”“萝卜上了市，药铺关了门”等说法。

烹饪小提示

胭脂萝卜可以和普通萝卜一样凉拌、炒食、炖汤，还可以做成泡菜或咸菜。由于其所含的天然花青素，可使菜品呈现红色，常用作泡菜、酱菜的染色及宴席雕花、配色的工艺菜等，能有效增加美感，刺激食欲，深受人们喜爱。

种植方法

土壤 土层深厚肥沃，富含有机质和透气性良好的沙壤土。

温度 胭脂萝卜为半耐寒性蔬菜，种子在2~3℃时开始发芽，发芽适温20~25℃。幼苗期能耐25℃左右高温，也能耐-3~-2℃的低温。萝卜茎叶生长适温5~25℃，最适温度15~20℃，肉质根生长温度范围为6~20℃，最适温度为18~20℃，低于6℃停止生长。成株冬季可耐-3℃低温。

日照 要求中等光照强度，阳光充足时植株生长健壮，有利于肉质根的膨大。若光照不足，往往叶柄徒长，下部叶因营养不良而提早衰亡，影响品质和产量。

水分 通常掌握土发白才浇的原则，浇水要均匀并注意不要将植株冲歪；播种时要供应充足的水分，种芽拱土时浇一次水，齐苗后再浇一次水；苗期要按“小水勤浇”的原则浇水；到肉质根生长盛期，要保证土壤湿润，防止忽干忽湿。

肥料 需肥量大，耐肥力强。施肥以氮肥为主，播种前需埋入基肥，快速生长期每15天随水追施一次腐熟的粪肥，肉质根膨大期需加施磷钾肥。

种植时间 北方6~7月播种，南方8~9月播种。

1. 将土壤施足基肥，选用最近1年采收的种子，可以撒播或点播。撒播时要均匀撒开，点播时穴距15厘米，每穴播3~4粒种子，播种深度2厘米左右。
2. 播后浇透水，一星期后即会发芽。
3. 发芽后待两片真叶长出时间苗，把遭受病虫害的、生长衰弱、畸型的幼苗拔掉。对于露地栽培的萝卜，播种出苗后，如果遇下雨或浇水造成土壤板结，应及时进行中耕，使土壤保持疏松状态，行间、沟中的杂草也需尽早扯除。
4. 4~5片真叶时即可定苗，留强去弱，每穴只留一株苗。
5. 一个月后，肉质根开始进入膨大期，以自制有机肥为主追肥一次，并适当施用草木灰，同时应防治菜青虫、甜菜夜蛾等害虫对叶片的危害。
6. 根据需要挑选根茎大的萝卜分批采收。采收前两天适当减少浇水，收获前可先将土壤浇透，然后整株拔出。

种植小提示

为了防止胭脂萝卜多根和裂根，影响品质，首先要注意不要让土壤太湿，平时注意减少浇水量并适当松土；浇水要注意均匀喷洒，不能对着一个方向浇。

肉质根膨大时如遇干旱，有可能空心或肉质粗糙，需要及时补充水分，不可长期干旱。

胭脂萝卜并不是氮肥越多越好，当收获的萝卜带苦味时，证明氮肥施用过多，应减少氮肥，撒些草木灰或骨头渣进行改良。

除了留种株，所有胭脂萝卜应在抽薹开花前收获完毕。留种植株要等到果荚干枯呈黄色时采收，成熟的种子呈黑色。

24

黄菇娘

别名｜

灯笼草、挂金灯、酸浆果、甜菇娘、金菇娘

特点

黄菇娘属于茄科酸浆属一年生草本植物。原本是野生植物，多生长在山坡上。株枝上的果实呈多角灯笼形，内有圆形果球，如樱桃大小，秋天成熟后可食用，味甘甜。

营养价值

黄菇娘的果实为浆果，可食率100%，带有较浓郁的奶香味，香甜可口，营养丰富，含人体所需的18种氨基酸，21种微量元素和矿物质，维生素C、维生素E含量是其他果品的5倍，硒含量比普通水果高10倍，是无污染、风味独特、营养丰富的天然保健绿色食品。经常食用具有增强人体免疫力以及防癌、抗癌之功效。黄菇娘同时也是一种中药材，有清热解毒、镇咳利尿的功效。

烹饪小提示

黄菇娘味甜，多汁，爽口，多直接生食，还可作为沙拉或甜点的配菜。

种植方法

土壤 对土壤要求不严，但以土层深厚肥沃，富含有机质和透气性良好的沙壤土为佳。前茬不能种植过果实类蔬菜。

温度 黄菇娘性喜高温，不耐霜冻。种子发芽以30℃左右发芽迅速；幼苗生长期20~25℃、夜间不低于17℃适宜生长；开花结果期白天以20~25℃、夜间不低于15℃为宜，否则易引起落花落果。气温10℃以下植株停止生长。0℃以下植株受冻。因为幼苗耐低温能力较弱，所以露地生长时期不能过早，而必须在晚霜过后方可栽植。

日照 对光照要求比较敏感，需要充足的光照。光照不足时，植株徒长而细弱，产量下降，浆果着色差，品味不佳。因此，除保证地块向阳，还必须保持合理的种植密度并及时整枝疏叶。

水分 黄菇娘需水较多，尤其在浆果开始成熟前期，枝叶和果实同时生长，需水较多，当浆果大量成熟时，需水较少。总结来说，黄菇娘前期喜水、后期怕水。

肥料 黄菇娘栽培的施肥原则是“小时富，老来贫”。即要施足基肥，勤加追肥。基肥以施氮肥为主，磷、钾肥为辅，以促壮棵；根外追肥以施磷、钾为主，氮肥为辅，以促果实提早成熟。

种植时间 春季当温度稳定在10℃以上时，可随时播种，地膜覆盖育苗移栽，播种期一般在3月下旬至4月上旬为适宜的播期；地膜覆盖直播栽培，可在5月上旬播种。

种植步骤

1. 用50℃左右的温水，一面倒水一面搅拌，待水温降到30℃左右为止，然后置室温下。浸种期间每隔8~10小时换一次30℃左右的温水，浸种20~24小时。
2. 用湿布将种子包好，在20~25℃条件下催芽。每天翻动两次，并用温清水淘洗，3~4天即可出芽。
3. 将土地翻耕25~30厘米并施足基肥，将土面耙平。

种植随笔

妞妞爱吃黄菇娘

两年前在阳台初次尝试种植了黄菇娘，两次播种，最终成活一棵，第一次播种是四月份，一棵也没有出苗，第二次是6月14号播的种，出苗两棵，为了种好它可是让我费了不少脑筋。

首先在花盆的选择上，我选取了透气良好的竹花篮，直径18厘米，高22厘米，应该说“居住”条件良好；用的是自配的营养土，和阳台的花卉享受同等待遇，一直放在阳光充足的东南向花架上，每次“轮岗”都不移动它。

可是它结果依然很迟，并且老是掉花蕾，可能是高温和高湿的原因。为了让它早日结果，我动用了同学给番茄施用的保果催果剂，没想到果是结出来了，但是里面的果实顶部却凸出来，好像戴了一顶帽子，这种果实我不敢吃，更不敢留种，全部丢弃，得不偿失，真是悔不该当初。

后来一直让它自由生长，舍不得掐头，每根枝条伸出有近30厘米，很不美观，立秋后痛下杀手修剪，终于在下端结出了好多果实。

黄菇娘口感非常美妙和独特。第一次成熟后采摘了五个果实，菜模妞妞立即要求试吃，吃了一个又一个，最后一个被我藏起来了，我怕失了种，因为剩下的果实能否成熟还是问号。

现在，我逐渐摸索出了黄菇娘的种植方法，并在菜地种上了一片黄菇娘，这下可以让妞妞吃个够啦！

4. 播种宜选无风的晴天下午进行。在平整的床面上浇足底水，再按照10厘米的间距点播催好芽的种子，每穴2~3粒，随后覆细干土0.5~1厘米。覆土后加盖一层清洁的塑料膜，待幼苗顶土时除去。
5. 出苗前应密封保温、增温促进幼苗迅速出土，无需浇水，一周后出苗。
6. 2~3片真叶时进行间苗，每穴留1株壮苗。
7. 株高10厘米左右时，按照行距40厘米，株距30厘米定植并追肥。
8. 定植2个月左右开始开花结果，果实外层的苞片变黄即可采摘。成熟果实可以剥出种子，洗净晒干放在阴凉干燥处，来年再行种植。

苦菊

别名｜

苦苣、苦菜、狗牙生菜

特点

苦菊是菊科菊苣属中以嫩叶为食的栽培种，一二年生草本植物。苦菊原产欧洲，目前世界各国均有分布。在我国是河北廊坊的特产蔬菜，目前尚未在全国大规模种植。

营养价值

苦菊中含蛋白质、膳食纤维较高，钙、磷、锌、铜、铁、锰等微量元素较全，以及维生素 B_1、B_2、C、胡萝卜素、烟酸等。此外，还含有甾醇、胆碱、酒石酸、苦味素等化学物质。胡萝卜素、维生素C以及钾盐、钙盐对维持人体正常的生理活动，促进生长发育和消暑保健有较好的作用。甾醇、胆碱等成分，具有较强的杀菌作用，故对黄疸性肝炎、咽喉炎、细菌性痢疾、感冒发热及慢性气管炎、扁桃体炎等均有一定的疗效。经常食用苦菊，能抗菌、解热、消炎、明目，增强人体免疫力。但脾胃虚寒、胃肠不好、常拉肚子者以及孕妇禁食，以免引起胃肠不适。

种植方法

土壤　对土壤要求不严，但以土层深厚肥沃，富含有机质和透气性良好的沙壤土为佳。最好两年未种过十字花科蔬菜。

温度 苦菊性喜冷凉，温度达到10℃以上时，种子即可萌发出苗。生长适温在10~25℃，最适宜温度为15~18℃，当气温达5℃时能缓慢生长，即便遇到-5℃的短暂低温，苗株仍能保持青绿。管理上夏、秋季节应注意降温，冬季注意保温。

日照 对光照要求不严格，半日照至全日照均可，不可完全荫蔽。夏季应避免烈日暴晒，需要进行适当遮阴。

水分 苗期要注意保持土壤湿润，定植后一定要浇足缓苗水，以后保持土壤间干间湿，水量不宜过大。注意采收前3~4天停止浇水，以利收后的贮藏。

肥料 在施足底肥的前提下，生长期内无需追肥，但为提高蔬菜品质，可定期进行根外追肥，即7~10天追施一次稀薄粪水。如底肥不足，可在5~8片叶子时，结合灌水施入腐熟有机肥。

种植时间 春（3~5月）秋（8~10月）两季皆可播种。

烹饪小提示

苦菊嫩叶颜色碧绿，可凉拌、炒食或做汤，其味甘中略带苦，是清热去火的美食佳品。凉拌时将苦菊择好洗净，过水轻焯控干晾凉，姜蒜切末，加入盐、鸡精、香油、白糖、米醋、辣椒油少许，搅拌均匀后装盘即可。其口感甜咸苦酸辣五味俱全，清新爽口，开胃健脾。凉拌时还可依个人喜好加入黄瓜、花生米、蘑菇、牛肉等，风味更佳。

种植小提示

由于苦菊种子的休眠期很短，一般为7~15天，成熟的种子，当年即可继续播种。

春播苦菊一般6~7月开花，7~8月种子成熟。而夏末、秋初生出的苗，初冬也能开花结实，但茎秆低矮，种子难以完全成熟。所以留种株尽量选择春播植株。

南方大部地区苦菊可露地越冬，北方需采取保温措施。未抽薹苗株可以顺利越冬，凡已抽薹或开花者无法越冬，入冬前需拔除。

1. 播种前将种子在阳光下晾晒5~6小时灭菌。
2. 播种前对苗床浇足底水，水渗下后，将种子混合细沙撒播，播后盖0.5厘米细土，为保持土壤湿润需覆地膜，当70%苗拱土后撤去地膜。
3. 幼苗3~5天即可出齐，待苦菊2片叶时可移入营养钵内，营养钵内土壤与定植土壤相同，需拌入腐熟有机肥。
4. 苗龄35~40天，5~7片真叶时定植，定植密度行距35厘米，株距25厘米，定植深度以刚刚埋没土坨为宜。定植后立即浇水，以促进缓苗。
5. 定植成活后，应及时摘掉靠地面的老叶、病叶、黄叶，缺苗及时补苗，注意拔除田间杂草。
6. 叶长8厘米左右即可分批收获。秋季播种的可在次年春季收获。

26

黄心乌

别名 |
黄心菊、菊花心、菊花菜、黄心乌塌菜

特点

黄心乌是十字花科芸薹属一年或两年生植物，属于白菜的变种，乌塌菜的一种。系安徽省六安市地方品种，在江淮地区有近千年的种植历史，在皖北和南京一带，被称作“菊花心”。其植株半塌地，株型紧凑。叶面有泡状皱缩，半结球，菜心部分呈嫩黄色。远远看去，就像一朵美丽的菊花。黄心乌和其他品种的乌塌菜一样，生性耐寒，可露地越冬，香味浓厚，霜降雪盖后，柔软多汁，糖分增多，品质尤佳，故有“雪下塌菜赛羊肉”的农谚。

营养价值

黄心乌含有大量的膳食纤维、钙、铁、维生素C、维生素B_1、维生素B_2、胡萝卜素等，被称为“维生素”菜，以经霜雪后味道甜美而著称，被视为白菜中的珍品。其中的膳食纤维，对防治便秘有很好的作用。常吃黄心乌还可以增强人体抗病能力，泽肤健美。

烹饪小提示

黄心乌口感清甜软糯，最适合炒食或以高汤煮食，加入肉丝、火腿丝，不仅鲜香爽口，而且营养价值高，是秋冬季节令人难忘的美食。

土壤 对土壤要求不严，以富含有机质、保水保肥力强的黏壤土最佳。

温度 黄心乌性喜冷凉，不耐高温，种子在15~30℃下经1~3天发芽，发芽适温为20~25℃，生长发育适温15~20℃，冬季能耐-10~-8℃低温，在25℃以上的温度及干燥条件下，生长衰弱、易感病毒病，品质明显下降。

日照 黄心乌对光照要求较强，阴雨弱光易引起徒长，茎节伸长，品质下降。

水分 较喜湿润。苗期注意保持土壤湿润；定植后据天气情况合理浇水，促进缓苗；缓苗后经常保持土壤湿润；冬季地温低，生长慢，应减少浇水次数或不浇水；开春后，慢慢增加浇水次数。

肥料 除基肥外，生长期还需多次追施以氮肥为主的有机肥。施肥的原则是幼株、天气干热时在早上或傍晚浇泼，用量较少，浓度较稀；天气冷凉湿润时采用行间条施，浓度较大，次数可少。

种植时间 在长江流域一般于9月播种育苗，10月移栽，12月至翌年2月可随时收获。华北地区秋季栽培于8月播种育苗，9月移栽，11月开始收获。若保护地栽培，播种期可适当延后一个月。

1. 在一个浅口容器里装上育苗土，将种子与3倍细沙混合均匀。
2. 将种子均匀地撒在土面上，撒后用手轻轻将土压结实，播种后浇足水，注意水不要太大，以免把种子都冲到低洼的地方，造成出苗不均。覆盖塑料布保持土壤湿润，约2~3天后出苗。
3. 5片真叶时，间苗一次，苗距3厘米左右。间苗后结合浇水追施腐熟的人畜粪水。
4. 苗龄30~35天，叶片开始发皱即可定植于大田，一般株行距为25厘米×30厘米，盆栽可适当密植。定植后浇足定根水，保持土壤湿润。
5. 定植成活后，施一次稀薄粪水。开始生发新叶时应中耕，并增加施肥量。
6. 定植后40~50天即可陆续采收，将黄心乌连根拔起，剪掉根部。

种植小提示

每次间苗下来的黄心乌可以食用，此时分量较少，一般是用来做汤里的配料，其后可以一边生长一边间拔采收。

黄心乌播种后2~3个月后即可正式采收，在气温较低的情况下，可缓慢生长，整个收获期长达3个月，黄心乌最大直径会长到25厘米，一棵有将近500克重。

除留种株外，其他黄心乌在翌年3月之前必须整株采收，否则会变老抽薹。

期待“打霜”

每年秋播，乌塌菜都是我的必选品种。往年种的都是小八叶品种，两年前开始接触黄心乌。由于它和乌塌菜的习性相近，种植方法也相同，所以初次种植便获得丰收，成为全家餐桌上的美味。我年逾八旬的外公外婆尤其喜欢黄心乌，说它的叶片大叶柄短，极其柔软，稍炒即烂。吃在嘴里，带些微微的甜润，十分可口。

黄心乌虽然生长很快，生长快速的植株11月都可收获，但我总要等到“打霜”以后才开始采收。因为低温会促使它产生一种生理反应，增加糖分含量，从而更加绵软香糯，清甜可口。不仅是黄心乌，其他一些耐寒的蔬菜如包菜、芥菜、大白菜、花菜、红菜薹等，在深秋过后，气温降低，尤其打霜后，味道会变得更好。所以在我的小菜园，“打霜”是一件非常值得期待的事。

27

芝麻菜

别名|

芸芥、德国芥菜、火箭生菜

特点

芝麻菜为十字花科芝麻菜属一年生或两年生植物。原产于东亚与地中海，我国内蒙古、河北、山西、陕西、甘肃、青海等地均有分布。由于植株具有很浓的芝麻香味，故名芝麻菜。现在我们所见到的芝麻菜是我国蔬菜专家从地方品种中筛选出来的稀特蔬菜。其直根发达，根系入土深，成株株高30~40厘米，茎圆形、上有细茸毛，叶羽状深裂，叶缘波状，花黄色，花瓣上有黑色纵条纹。

营养价值

芝麻菜富含蛋白质、纤维素、维生素C、β-胡萝卜素、钾、钠、钙及多种人体必须的微量元素，并含有一种具有芝麻油特殊芳香的物质。经常食用芝麻菜，具有减肥、增强人体免疫力的效果。近年医学研究发现，芝麻菜还具有较强的防癌功能。芝麻菜的种子含油率达35%左右，可加工成菜籽油供食用。此外，芝麻菜的种子具有降肺气、利肺水等功效，对久咳疗效较好，并可治疗尿频，中药上称之为金堂葶苈。

烹饪小提示

芝麻菜柔嫩的茎叶和花薹均可食用，其鲜嫩的口感、丰富的营养及浓郁的芝麻香气使它备受人们青睐。其口感滑嫩，可炒食、做汤或凉拌。但以凉拌或做成蔬菜沙拉为佳，因为熟食易使芝麻香气减弱、苦味增强。凉拌前须洗净焯水，再根据需要加入调味料。

种植方法

土壤 对土壤的适应性较广，抗盐碱能力较强，最适宜在疏松、肥沃、排水能力良好的土壤中种植。

温度 喜温暖气候，较耐寒。芝麻菜种子容易萌发，发芽温度范围15~25℃。茎叶最适合生长温度白天为18~23℃，夜间为10℃左右。冬季可耐-3℃低温，夏季高于30℃停止生长。

日照 喜光照，但对光照条件要求不严格，在中等光照条件下生长速度快。

水分 喜湿润土壤条件，在高温干旱的条件下生长，叶片辛辣、苦涩。在生长期应尽量保持土壤湿润，以小水勤浇为原则。

肥料 除基肥外，生长期还需多次追施以氮肥为主的有机肥。施肥的原则是幼株、天气干热时在早上或傍晚浇泼，用量较少，浓度较稀；天气冷凉湿润时采用行间条施，浓度较大，次数可少。

种植时间 在长江以南全年均可播种，但是以春季3~5月和秋季8~10月为佳，北方地区春季露地4~5月分期播种，秋季8月上中旬分期播种。在寒冷的地区，也可以进行保护地栽培，根据生产需要提早或推迟播种。

种植步骤

1. 播种前施足基肥，耙细、起垄作畦。
2. 播种时按行距8~12厘米开浅沟条播，由于种子较小，需混合三倍细沙再播；播后浇透水。若天气炎热，则要覆盖黑色遮阳网。
3. 5~7天后出苗，幼苗具2~3片叶时可结合幼株采收间苗和定苗，拔去弱苗、劣苗，并清除田间杂草。
4. 6~8片叶时定苗，苗距10厘米。快速生长期每隔7天追粪水1次，浓度由淡到浓。保持土壤湿润，除雨天外，均需浇水，以保持叶片柔嫩。
5. 播种后30~40天，当苗高20厘米时即可陆续采收。在采收前5~7天不宜再追施粪肥水，以免影响品质。

种植小提示

芝麻菜苗简单种

芝麻菜苗生长周期短，从播种到采收只需10天，受气候影响较小，家庭种植非常方便。

物品准备：芝麻菜种子、带孔可以透气和漏水的小塑料筐1个、喷壶1个、比塑料筐略大的毛巾1块、比小塑料筐略大的接水容器1个。

温度要求：芝麻菜苗生长适温为15~25℃，无需遮光，放在没有太阳直射的地方即可。

种植步骤：

1. 将毛巾铺在框底，种子挑除杂质后，不浸种，直接均匀地撒在框内。然后浇水，浇水宜以雾状喷洒，否则，会把种子冲得疏密不均。
2. 播后每天早晚喷两遍水。注意及时倒掉接水容器中的积水，并随时拣出霉烂的芽苗。
3. 播种以后在适宜的温度条件下经过8~10天，当苗高6~8厘米时即可一次性采收。

28

泡泡青

别名 |

皱叶黑油白菜、随州泡泡青

特点

泡泡青是十字花科白菜类不结球白菜的一种两年生栽培草本植物。由于它墨绿色的叶面呈泡泡状，人们习惯称之为泡泡青。泡泡青是炎帝神农故里、编钟古乐之乡——湖北随州古老的地方特产，有着悠久的栽培历史。当地独特的地环境和气候，造就了它的特殊风味。泡泡青营养丰富，素有冬季“蔬菜之王”的美誉。它叶泡浓绿至墨绿，叶肉厚实，质地柔软，抗寒性强，经霜冻雪压后，口感更佳。

营养价值

泡泡青富含丰富的蛋白质、碳水化合物、胡萝卜素、维生素、膳食纤维和矿物质，是纯天然绿色产品。经常食用泡泡青，有促消化、降血压、清火、醒酒、保护肝脏等功效。

烹饪小提示

泡泡青主要以嫩叶供食，后期也可食用嫩茎，口感甜、嫩、鲜、爽，经霜雪后，品质尤佳。泡泡青制作的菜肴口感清香浓郁，爽口软滑。常见的烹饪方式有清炒、做春卷馅等。还可以将老豆腐两面煎黄，泡泡青用旺火大油略微爆炒一下，放入煲中加热水一起烧开，做成美味的豆腐煲。泡泡青还适合在冬天用来涮火锅，能很好地解酒养胃。

种植方法

土壤 疏松、肥沃，浇水和排水能力都良好的壤土。

温度 喜凉爽气候，耐寒。泡泡青发芽温度范围15~25℃，茎叶最适合生长温度为10~20℃。冬季可耐-10℃低温。多作为露地越冬蔬菜栽培。温度高于30℃则生长不良，且品质下降，纤维增多。

日照 喜光照，但对光照条件要求不严格，在中等光照条件下生长速度快。

水分 较耐旱，苗期要注意保持土壤湿润，定植成活后至12月中旬，每7天浇水一次，遇干旱时适当增加浇水次数，以促进叶片生长。12月下旬至开春前一般不浇水，干旱时适当补浇粪水。

肥料 泡泡青以基肥为主，追肥为辅，一般在栽后苗子成活时，用稀粪水浇1~2次即可。操作时尽量不要把粪水浇入菜心内。

种植时间 9月下旬至10月上旬播种。

种植步骤

1. 将种子混合3倍细沙直接撒入苗床，用耙轻耙几遍后覆盖稻草等物遮阴，浇透水。
2. 播后3~5天，待苗子露土后选择晴天下午及时将遮盖物清除干净，以免影响幼苗生长。苗期用稀薄粪水浇1~3次，防止受旱。
3. 当苗龄25~30天，幼苗具有4~6片真叶时准备定植，定植前一天浇足水分，以减少伤根，促进幼苗返青。
4. 选择排灌方便、土壤耕层深厚、肥力较高的田块并施足基肥。定植行株距为20/15厘米，栽植深度以不露根、不埋心叶为宜。栽后浇足定苗水。

5. 当泡泡青经过12月中下旬低温阶段后，特别是经过霜冻雪压后，品质进入最佳状态，可随时整株采收。

种植小提示

由于泡泡青具有强烈的抗寒性，经过霜冻的时间越长，品质会越好，所以不可温棚种植。

在冬季温度较高的南方地区，泡泡青植物性状可能会发生一定变化，长出来的菜色淡、不起泡、叶狭长、起高秆，口感也较差。

泡泡青可以自己留种，但要注意不要和其他十字花科的蔬菜杂交，例如小白菜、大白菜、菜心、芥蓝等。

种植随笔

我的外公外婆是湖北随州人，我的母亲也在随州出生。随州算是我的半个老家。虽然外公一家很早就离开随州，但祖宗和老宅都还在那边的土地上，母亲的叔伯兄弟姐妹也有不少，所以我们与随州的关系千丝万缕剪不断。

我曾陪老人们回去过几次，每次亲戚们都会热情招待，毫不吝惜地捧出自家产的土猪肉、土鸡、土鸡蛋。而最令我难忘的，莫过于那盘清炒泡泡青了。从屋后雪地里现采的几把青菜，抖掉雪花，用井水漂洗几遍切成三段就直接下锅，油用的是自家压榨的菜籽油，看似随意地翻炒几下，菜就出锅了。入口的第一感觉就是软绵和厚实，脆生生的带着嫩爽，随之而来的就是甘甜与清香，让人停不下筷子。临走的时候，我特意问亲戚要了几把泡泡青种子，打算让它们在我的小菜园里安家落户。

29

京水菜

别名｜

白茎千筋京水菜、水晶菜

特点

京水菜是日本最新育成的一种外型新颖、含矿质营养丰富的蔬菜新品种，全称白茎千筋京水菜。我国特菜产区称之为“水晶菜”。为十字花科芸薹属白菜亚种的一个新育成品种，是以绿叶及白色的叶柄为产品的一二年生草本植物。京水菜外形介于不结球小白菜和花叶芥菜（或南方的雪里蕻）之间，口感风味类似于不结球小白菜。在南北方均可种植。京水菜为浅根性植物，须根发达，再生力强。每个叶片腋间均能发生新的植株，重重叠叠地萌发新株而扩大植株，使植株丛生。一般每株有叶片60~100个，多者可达300个以上，单株重可达3~4千克。株高40~50厘米，叶片齿状缺刻深裂成羽状，绿色或深绿色。叶柄长而细圆，有浅沟，颜色因品种不同而不同，有白色或浅绿色。

营养价值

京水菜富含维生素C、钙、钾、钠、镁、磷等矿物质和多种对人体有益的微量元素。经常食用京水菜，具有降低胆固醇，预防高血压和心脏病的保健功能，另外还有促进肠胃蠕动，帮助消化的作用。

烹饪小提示

京水菜的食用部位为嫩茎叶，可采食菜苗，掰收分芽株，或整株收获。具有品质柔嫩，口感清香的特点，是涮火锅的上等配菜，有凉拌、炒食、做汤、腌渍等多种食用方法。

种植方法

土壤 京水菜最适宜在有机质丰富，排灌良好，疏松肥沃的壤土种植。

温度 京水菜喜冷凉的气候条件，发芽适宜温度为22~25℃，在10~30℃范围内都能发芽。幼苗期和茎叶生长期，白天适宜温度为18~23℃，如果温度低于12℃和高于30℃，生长缓慢，当温度超过35℃时，生长停止。

日照 京水菜属喜欢光照，光照充足，有利于植株生长，叶片厚，分枝多，产量高。

水分 京水菜喜湿润的土壤环境条件，需水量较多，不耐干旱，也不耐涝，在生长期间，切忌浇水量过大，如遇暴雨需及时排水。

肥料 需要充足的营养供应，整个生育期，要求有充足的氮肥供应。幼苗期对磷十分敏感，缺磷会引起叶色暗绿和生长衰退，分枝力弱。钾肥可促进光合作用运转和积累，提高产量和品质。氮、磷、钾应配合使用。种植地要施经沤熟的畜粪肥作基肥，施用量看地力及肥源而定，如施入的基肥充足，定植后可不追肥或少追肥。

种植时间 京水菜适宜于在冷凉季节栽培，夏季高温期间种植效益较差，尤其是在高温多雨天植株易因腐烂而失收。露地栽培，一般只做秋播，每年8~10月播种。保护地栽培可春播，一般1~2月温室播种。

种植步骤

1. 选用肥沃疏松壤土作苗床育苗，将种子混合3倍细沙后均匀地撒在土面上，轻压土面，然后浇透水。
2. 播种后保持土壤湿润，一周后出苗。
3. 2~3片真叶时间苗一次，拔去弱苗、病苗、过密苗。
4. 6~8片真叶时按行距25~30厘米、株距20厘米定植到大田。大田要施经沤熟的畜粪肥作基肥。
5. 定植后注意不要缺水，前期生长较缓慢，一般不追肥，至植株开始分生小侧株时追肥2~3次，注意中耕锄草。
6. 当京水菜苗高15厘米左右时，可整株间拔采收；待基部萌生很多侧株，可陆续掰收，但一次不宜收得太多，看植株的大小掰收外围一轮，待长出新的侧株后陆续收获。次年3月前一次性收割。

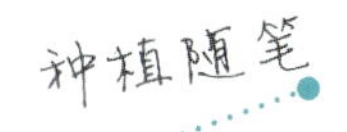

京水菜从外形上看，很像雪里蕻（俗称雪菜），尤其是细叶雪里蕻，但是京水菜的口感更脆嫩，叶子要窄一些，颜色要浅一些，分支要多一些。我种植了一批京水菜，一次收获太多吃不完，就按照腌制雪里蕻的方式如法炮制，做出来的腌菜香气扑鼻，开胃下饭。腌菜的具体做法是：

1. 除去老叶和根。
2. 洗干净晾晒，将50公斤鲜菜晾晒成5~10公斤半干的“菜坯”。
3. 切成1厘米长的细段，每10公斤菜坯加入1.2公斤食盐。
4. 揉搓均匀后装缸或坛，压实封口。
5. 置于室内发酵，至翌年春天即为清香可口的腌菜，加温发酵可缩短发酵过程。

另有一种更简易的制作方法，即将新鲜的京水菜除去老叶和根，无须水洗，直接放在盆里，然后用滚烫的开水淋透并在菜上压上重物，保证菜全部淹没在水面下。放置24小时即可将菜取出洗净，此时的京水菜已经变成金黄色，清炒或炒肉末，又脆又鲜美。在取菜的过程中，不要将生水或油星带到盆里，否则易腐败。但此方法处理的京水菜只能保鲜7~10天，需尽早吃完。若拧干水分放在冰箱冷藏室，可保存20天。

30 红菜薹

别名 |

红菜、紫菘、紫菜薹、红油菜薹

特点

红菜薹色紫红、花金黄，与菜心同属于白菜的变种，以嫩叶和花薹供食用。红菜薹在湖北、江西、四川、湖南等地均有种植，其中以武汉洪山宝通禅寺周围种植的“洪山菜薹”品质最佳。红菜薹有一个奇特之处，天气越寒，生长越好，大雪后抽薹长出的花茎，色泽最红，水分最足，脆性最好，口感最佳，所以民间有“梅兰竹菊经霜翠，不及菜薹雪后娇”之说。据史籍记载，红菜薹在唐代是著名蔬菜，是历来湖北地方向皇帝进贡的土特产，曾被封为“金殿玉菜”，与武昌鱼齐名。

营养价值

红菜薹营养丰富，含有钙、磷、铁、胡萝卜素、抗坏血酸等成分，多种维生素比大白菜、小白菜都高，既能帮助身体机能提高抵抗力，又可以维持人体组织及细胞结构的正常代谢与功能。胡萝卜素有补肝明目的作用，可防治夜盲症。红菜薹尤其适合孕妇食用，在增强母体抵抗力的同时，还能促进胎儿的生长发育。

烹饪小提示

红菜薹色泽艳丽，质地脆嫩，为佐餐之佳品。可以清炒或与腊肉同炒，也可作汤或配菜。红菜薹炒腊肉是一道湖北名菜，其做法很讲究。菜薹要选取粗壮，颜色深，花未开的，要既鲜且嫩，经霜或经雪后的尤佳。薹用手折断，洗净沥干备用。腊肉要切成1寸（1寸≈3.33厘米）长的薄片，先放进锅里煸炒至香味四溢，然后捞起，再炒菜薹，最后把腊肉掺入，起锅装盘。吃时菜薹鲜嫩脆香，腊肉醇美柔润，别有风味。

种植方法

土壤 排灌方便、土层深厚疏松肥沃、保肥保水性能好的沙壤土。

温度 红菜薹对温度要求严格，耐寒而不耐热，也不耐冻，温度过高，菜薹皮厚，温度过低，易受冻害。种子发芽和幼苗生长的适宜温度为25~30℃，生长发育的适宜温度为15~25℃，花薹形成期的最适宜温度为15~20℃，昼夜温差大时发育好、产量高、品质好。冬季可耐-3℃低温。

日照 红菜薹较喜光，一般光照越长越利于形成花薹。

水分 不耐旱，高温干旱会导致产量低，而且味苦、皮厚、质粗、品质差。出苗前每天浇一次水，苗期每2~3天浇一次水，定植后及时灌水；生长期每3~5天浇一次水，保持土壤湿润。

肥料 红菜薹生长期和采收期均比较长，因此除了基肥外，还应该追肥多次。在营养充足的情况下，侧薹抽生多，产量和品质均佳。

种植时间 一般于春秋两季栽培，家庭多采用秋季种植，华北地区8~9月播种，长江流域及南方地区9~10月播种。

种植步骤

1. 整地时要多施腐熟的有机肥，用撒播方式进行播种。
2. 播后用遮阳网覆盖，经常保持育苗畦湿润，一个星期左右出苗。
3. 出苗后迅速揭开遮阳网防止徒长，在第一片真叶时可浇一次稀薄粪水。二叶一心左右要进行间苗和除杂草。
4. 播后20天左右长出4~5片真叶时可以定植，株行距为30厘米×45厘米。定植当天应将苗床浇透水，数小时后再拔苗，尽量带土移栽，并且及时浇水。定植成活后每周追肥一次。
5. 现蕾抽薹时追施适当的人畜粪水并供应充足水分。
6. 当主花薹的高度与叶片高度相同，花蕾欲开而未开时及时采收。主菜薹采收时，在植株基部5~7叶节处稍斜切下。主薹采收后，要促进侧薹的生长，应重施追肥2~3次。侧菜薹的采收应在薹基部1~2叶节处切取。采收工作应于晴天上午进行。
7. 红菜薹可以露地越冬，耐大雪严寒。冬至前后重施一次有机肥，开春后早施追肥，及时摘除“黄脚叶”。红菜薹可以一直采收，持续到次年3、4月。
8. 留种的植株让其自然开花结子，待果穗成熟变黄后收割晾晒几天，再脱粒干燥保存。

第六章

新奇果蔬

前面我们说到过，新特蔬菜包含了奇特和稀少的意思。有一类蔬果，它们与我们普通常见的果蔬在颜色或形态上有非常明显的区别。比如南瓜形状的辣椒、香炉状的小南瓜、金黄色的西葫芦和白色的茄子，等等。正因为它们的新奇，所以越发引起人们的种植兴趣。它们的存在，丰富了我们的菜园和餐桌，也给种植过程带来了妙不可言的乐趣。

31

南瓜椒

别名｜

柿子观赏椒

特点

南瓜椒是观赏辣椒的一种，其植株自然紧凑，分枝性佳，果实色彩艳丽，呈迷你南瓜形，既可观赏又可食用，深受人们喜爱。

营养价值

南瓜椒中含有丰富的维生素C、β-胡萝卜素、叶酸、镁及钾，还能促进消化液分泌，增进食欲，适当吃点南瓜椒，能让人食欲大振。南瓜椒中的辣椒素具有抗炎及抗氧化作用，还能加速脂肪分解，有一定的减肥作用。同时，因为含有丰富的膳食纤维，所以南瓜椒降血脂的作用也很明显，并有一定的抗癌作用。

烹饪小提示

南瓜椒的特点在于既辣又香，最适合炒菜或煮火锅。其形状小巧玲珑，可整个作为菜肴的配菜或装饰。

种植方法

土壤 土层深厚肥沃，富含有机质和透气性良好的沙壤土。

温度 属喜温作物，种子发芽的适温为20~25℃，温度超过30℃或低于10℃都不能发芽。生长发育的适宜温度为20℃~38℃，果实发育适温为25~28℃。低于15℃生长发育完全停止，持续低于5℃则植株可能受害，0℃时植株很易产生冻害。不耐炎热，白天温度升到35℃以上时，易落花不易结果。

日照 属喜光植物，除发芽阶段，其他生育阶段都要求有充足的光照。幼苗生长发育阶段需要良好的光照条件，这是培育壮苗的必要条件，对以后的产量有很大的影响。结果后，充足的光照有利于果实成熟变色。

水分 喜水但不耐涝；端午前后要及时排除过多雨水；夏季高温每天早晚要各浇一次水；在开花期，浇水不宜过多过勤；果实发育和成熟期，应保持土壤湿润；盆栽辣椒一般晴天每天浇水一次即可，切忌根部积水。

肥料 需肥量大，耐肥力强。施肥以氮肥为主，播种前需埋入基肥，快速生长期每15天随水追施一次腐熟的粪肥，开花结果期需加施磷钾肥。

种植时间 北方4~5月种植，南方3~4月或8~9月种植。但以春季种植为佳。

种植步骤

1. 将种子在阳光下暴晒2天，然后用25~30℃的温水浸泡12小时。
2. 将种子均匀撒到育苗碗里，再用一层0.5~1厘米厚的细土覆盖，然后浇足水。
3. 70%小苗拱土后，要趁叶面没有水时向苗床撒0.5厘米厚细土，可以防止苗倒根露。
4. A当幼苗长至5片真叶时，即可定植，行株距20 /15厘米。也可选用直径15~20厘米的花盆，每盆种2~3棵为宜。
5. A在定植15天后追一次粪肥及少量磷肥，并结合中耕培土，此后可每10天左右浇一次粪水；家庭盆栽辣椒，为了株形美观，株高15厘米时摘心，让其萌发侧枝，侧枝长到10厘米左右也要摘心。
6. 花开后到坐果期间适当减少浇水量，一般花谢后3~4周，果实由紫转红时就可采收。
7. 南瓜椒可以持续收获2~3个月，如果需要自留种子，应选择结在中部、个大、饱满、无病虫害的果实，等待完全变红就可以采摘。剥出种子放在太阳下晒干放在阴凉干燥处保存，等到来年种植即可。

南瓜椒的花和嫩果

种植随笔

辣椒的品种繁多，除了作为蔬菜的辣椒外，还有许多观赏辣椒品种，我种植过的观赏椒就有蟠桃椒、风铃椒、五彩椒、珍珠椒、南瓜椒、七姐妹、白玉、朝天椒等十多种。它们不但是美丽的观赏植物，果实亦能作调味辣椒食用，非常适合在阳台或居室内种植，真正是既饱了眼福，又饱了口福！

单纯从种植方法来说，观赏椒和普通辣椒几乎没有什么不同。如果怕辣的话，尽量选用肉厚的菜椒，喜辣的话，则可以种一些辣味重的辣椒品种，如黄灯笼椒、超级二金条，等等。

小知识　观赏椒有哪些种类？

观赏椒为辣椒变种，属茄科一年生木质灌木，它果形多样且颜色丰富，与绿叶相映衬，颇受人注目，是优良的盆栽观果植物。一般来说，观赏椒分为以下几类：

1. 樱桃类辣椒，如扣子椒、珍珠椒等。叶中等大小，圆形、卵圆或椭圆形，果小如樱桃，圆形或扁圆形，辣味甚强。
2. 圆锥类辣椒，如鸡心椒、五彩椒等。植株矮，果实为圆锥形或圆筒形，多向上生长，辣味强。
3. 簇生类辣椒，如蟠桃椒、七星椒、朝天椒等。叶狭长，果实簇生，向上生长。
4. 长椒类，如牛角椒、大角椒和超级二金条等。株型高大，分枝性强，叶片较小或中等，果实一般下垂，为长角形，前端尖，微弯曲，似牛角、羊角、线形。
5. 甜柿类辣椒，如黄灯笼椒，株型较高，叶片和果实均较大较厚。

32

微型南瓜

别名 |
观赏南瓜、小南瓜

特点

微型南瓜为葫芦科南瓜属草本植物，其瓜颜色鲜艳，有单色、双色和三色相间等，果型趣巧、精致、形状奇特，观赏性强，既能在露地、温室种植，又可用花盆栽培，是一种观赏和食用兼具的蔬菜，深受人们喜爱。

营养价值

南瓜营养丰富，既可作为蔬菜食用，也可作为主食食用。其所含的果胶能减少糖类和胆固醇的吸收，特别适宜糖尿病人食用；多糖能提高机体免疫功能；胡萝卜素对维持正常视觉、促进骨骼的发育具有重要作用。南瓜高钙、高钾、低钠，有利于防治骨质疏松和降低血压，特别适合中老年人和高血压患者食用，因而素有“降糖降脂佳品”之美称。

烹饪小提示

南瓜尤其是成熟的老南瓜具有香甜、软糯的特点，烹饪方式多样，可蒸、煮、炒、炸，色泽金黄，甜美可口。南瓜煮粥或绿豆汤，能养胃健脾。将南瓜去皮，洗净切块，蒸熟后捣匀，加入面粉制成小饼，放热油锅中煎至两面金黄即成南瓜饼，可降脂降糖，适用于血脂异常、糖尿病人的食疗。值得注意的是，南瓜皮和南瓜心（瓤）的胡萝卜素含量比果肉高出许多，要尽量保留利用。

种植方法

土壤 土层深厚肥沃，富含有机质和透气性良好的沙壤土，须2~3年未种过瓜类蔬菜。

温度 南瓜是喜温作物，生长温度范围在15~35℃之间，最适温度为25~28℃，低于10℃生长缓慢，0℃容易发生冻害，越过35℃植株容易衰老，因而早春低温应移入室内或套薄膜袋等防寒，避免冻害，夏秋季节应遮阳降温。

日照 南瓜是喜光植物，光照充足，生长良好，果实生长发育快而且品质好；阴雨天多，光照不足容易化瓜，也容易发生病害。

水分 南瓜根系发达，吸水能力强，抗旱能力强，但不耐涝，因此，遇雨涝天必须及时排水。

肥料 南瓜对肥料的要求不严格，适量地施肥能促进茎叶生长，过量将引起徒长。除了足够的基肥外，追肥须掌握“薄肥勤施”的原则。

种植时间 盆栽微型观赏南瓜华南地区可春夏秋三季种植，春植2~3月、夏植4~5月、秋植7~8月播种，北方地区以春植为主，3~4月播种。

种植步骤

1. 种子经太阳晒2天，放入50℃热水中，不断搅拌，水温降到30℃左右时浸泡种子15~20分钟后至自然冷却，继续浸种7~12个小时。浸种后催芽，催芽温度维持在30℃左右，两天后当芽长0.5厘米时播种。
2. 选择排水性好，土壤肥沃的地块播种。按行距20厘米开播种沟，株距10厘米，每穴下2~3粒种子，播后浇透水，覆盖2厘米厚的细土并浇透水，早春播种时需覆盖薄膜。
3. 3~4天后出苗，出苗后揭掉薄膜，保持土壤湿润但不积水，以防止猝倒病发生。
4. 瓜苗长至4~5片真叶时，每穴选留1株生势壮旺、叶色浓绿、节间粗短的无病虫害苗，其余疏掉。苗期根据植株生势，可追施薄肥一次。
5. 苗高25~30厘米时搭架引蔓，在阳台栽培可用吊绳或利用防盗网。微型观赏南瓜以主蔓结瓜为主，为提高观赏效果，减少养分的消耗，应将全部侧枝剪除，只留主蔓，及时摘除黄叶、病叶。
6. 为促使微型观赏南瓜多坐果、结好果，须人工辅助授粉。
7. 南瓜老嫩皆可收获，嫩瓜脆嫩，老瓜粉甜，各有千秋。老南瓜连同5厘米长的瓜柄一起采摘，可存放长达2个月。留种南瓜可等到深秋藤蔓枯萎时收获，瓜肉可食用，瓜子洗净晒干存放即可。

达人经验　巧种南瓜苗

南瓜苗作为一种新兴的特种叶菜，是指南瓜苗的嫩茎节、嫩叶片和嫩叶柄，以及嫩花茎、花苞。南瓜苗不仅味道鲜美、口感好、风味独特，而且营养丰富，富含叶绿素及多种人体必需的氨基酸、矿物质和维生素等。经常食之，对糖尿病、动脉硬化、消化道溃疡等多种疾病均有一定的疗效。以收获南瓜苗为主的种植，种植时需要注意以下几个方面：

1. 品种选择：选择瓜蔓长，分支多，长势快的品种。
2. 种植时间 南瓜苗种植时间一般从3月开始直至8月都可分批播种。
3. 充足肥水：生长过程中多次追施以氮肥为主的肥料，让枝叶快速萌发，每次采收后也须追肥一次。保持土壤湿润可使瓜苗幼嫩柔软，品质提高。
4. 及时采收：当瓜苗长到20~30厘米高、有5~6片真叶时可分批采收，在基部留1~2片真叶掐下上部的嫩苗。在腋芽生长到20厘米又可采收，如此反复多次。
5. 不宜留种：多次采摘嫩梢的南瓜苗很难结瓜，即使结瓜，也是产量低品质差，因此不适宜留种。

33

杨花萝卜

别名 |
樱桃萝卜

特点

杨花萝卜是一种小型萝卜，为中国四季萝卜中的一种，是十字花科萝卜属一、二年生草本植物。杨花萝卜株高20~25厘米，直径3~4厘米，根皮红色、肉白色。因其外形与樱桃相似，故取名为樱桃萝卜。又因其外形圆球状，小巧玲珑，颜色鲜艳，质地细嫩，很宜作水果生食，故又称为水果萝卜。

营养价值

生吃杨花萝卜有促进胃肠蠕动、增进食欲、帮助消化等作用，萝卜中木质素、胆碱等成分还能起到预防癌症的作用。此外，和普通萝卜一样，杨花萝卜也具有祛痰、消积、定喘、利尿、止泻等药用功效，是一种非常好的保健蔬菜。杨花萝卜的萝卜缨营养价值也非常高，维生素C含量比根高出近两倍，钙、镁、铁、锌等矿物质的含量也比根高出3~10倍。

烹饪小提示

杨花萝卜具有品质细嫩、味道甘甜，辣味较轻的特点，适于生吃，也可荤素炒食，还可做汤、腌渍，做中西餐配菜。生食时洗净切掉两头，切片或拍散，用糖和醋腌渍1小时即可食用，酸甜爽口，既开胃又解油腻。萝卜缨略有苦味，是很好的粗纤维蔬菜，可以切碎和肉末一同炒食，还可做汤食用。

种植方法

土壤 杨花萝卜对土壤条件要求不严格。但以土层深厚，保水，排水良好，疏松透气的沙质壤土为宜。

温度 喜凉爽气候，不耐热，种子发芽的适温为20~25℃，生长适宜的温度范围为5~25℃。5℃以下生长缓慢，易通过春化阶段，造成提前抽薹。0℃以下肉质根易遭受冻害。高于25℃，植株生长衰弱，易生病害，肉质根纤维增加，品质变劣。

日照 对光照要求较严格。在生长过程中，要有充足的光照，否则肉质根膨大缓慢，品质变差。

水分 杨花萝卜生长过程要求均匀的水分供应，既不耐旱，也不耐涝。在发芽期和幼苗期需水不多，应小水勤浇。生长盛期，不耐干旱，需增加浇水量和浇水次数。如果水分不足，肉质根易糠心。长期干旱，肉质根生长缓慢，须根增加，品质粗糙，味辣。若土壤水分过多，通气不良，肉质根表皮粗糙，亦影响品质。

肥料 杨花萝卜喜钾肥，增施钾肥，配合氮、磷肥，可优质增产。

种植时间 3~5月春播或8~10月秋播

1. 选用近一年内新收获的种子，用清水浸泡12小时。
2. 当种子充分吸水后即可准备播种，将土壤施足基肥，每隔3厘米见方摆放1粒种子，再将种子盖上1厘米细土并浇透水。
3. 一周后，小萝卜长出了两片叶子。如果发现有的种子没有发芽，此时应立即补种。
4. 萝卜苗长得很快，15天就长得很高，此时可以追肥一次。
5. 播种30天后，可以看到红色的肉质根已经拱出土面了。当萝卜直径在3厘米以上即可采收。

种植小提示

杨花萝卜在播种后35~40天左右即可收获。如果温度较低，则需50~60天才能收获。收获时可以一次性全部收获，也可以拔掉肉质根充分膨大的植株，留下未长成的植株继续生长。当肉质根的颜色开始变暗淡，则显示已经开始变老了，需要及时全部收获。

杨花萝卜的生长快，衰老也很快，所以一般不自留种子。

34 香蕉西葫芦

别名｜

黄金西葫芦、香蕉瓜

特点

西葫芦是葫芦科南瓜属一年生植物，原产北美洲南部，如今在我国广泛栽培。香蕉西葫芦是一种外形似香蕉，果皮为黄色的西葫芦，是美洲南瓜中的一个黄色果皮新品种，以食用嫩果为主，嫩果肉质细嫩，味微甜清香。

营养价值

香蕉西葫芦性温、甘、无毒，含有较多维生素C、葡萄糖、碳水化合物、蛋白质、矿物盐等营养物质，尤其是钙的含量极高。还含有瓜氨酸、腺嘌呤、天门冬氨酸、葫芦巴碱等物质，具有促进胰岛素分泌的作用，能预防糖尿病、高血压以及肝脏和肾脏的一些病变发生。由于其能消除致癌物（亚硝胺）而具有防癌的效果，并能帮助肝、肾功能减弱患者增强肝、肾细胞的再生能力。它还有美白润泽肌肤的作用，被广大妇女称之为“最佳美容食品”。

烹饪小提示

香蕉西葫芦与普通西葫芦最大的不同在于，香蕉西葫芦口味清甜，适合生食，而西葫芦必须煮熟食用。香蕉西葫芦可炒食、作馅、做汤等，炒食时搭配火腿或虾米，色香味俱佳。

土壤 对土壤要求不严格，沙土、壤土、黏土均可栽培，土层深厚的壤土易获高产。

温度 较耐寒而不耐高温。种子发芽适宜温度为25~30℃，13℃以上可以发芽，但很缓慢；30~35℃发芽最快，但易引起徒长。生长期最适宜温度为20~25℃，15℃以下生长缓慢，8℃以下停止生长，30℃以上生长缓慢并极易发生疾病。开花结果期需要较高温度，一般保持22~25℃最佳。早熟品种耐低温能力更强。

日照 光照强度要求适中，较能耐弱光，但光照不足时易引起徒长。光周期方面属短日照植物，长日照条件上有利于茎叶生长，短日照条件下结瓜期较早。

水分 西葫芦喜湿润，不耐干旱。苗期要供应充足水分。结瓜期土壤应保持湿润，才能获得高产，一般结瓜后2~3天浇水一次，以保持表土湿润为宜。雨季则需排水。

肥料 需肥量较大，除基肥外，需多次追施有机肥。

种植时间 4~5月春播或8~9月秋播都可，以春播为主。

种植步骤

1. 用50~55℃的温水烫种，不断搅拌15分钟，待自然冷却后浸种4小时，再放在25℃的温度下催芽，3~5天后芽长约1.5厘米时即可播种。
2. 选择晴朗温暖天气播种，在育苗碗内用穴播的方法间隔3~5厘米播种，播后覆土约2厘米，并浇透水。
3. 播种后保持较高的温度和湿度，有需要可以覆盖薄膜保温，约3~4天出苗。
4. 主茎长到5厘米左右，要摘心一次，压矮株型，促进结瓜。
5. 幼苗长出4片以上真叶时就可以定植，株行距40厘米×60厘米，如果定植在花盆中，则一个直径20厘米的大号花盆中一般一盆1棵，定植后浇透水。
6. 定植缓苗后及时追肥，以饼肥为好，并浇一次透水。此后应及时中耕松土，不施水肥。
7. 花开后，在晴天上午的6~8时，进行人工授粉。待第一个瓜长到10厘米长恢复浇水，一般2~3天浇水一次，以保持表土湿润为度。结瓜期随水追肥，一般追肥2~3次为宜。
8. 花后15天左右，果实充分膨大即可采收。

种植小提示

香蕉西葫芦苗期要给予充分光照，否则易引起徒长，枝条不健壮。

由于香蕉西葫芦的花粉粒大而重，具黏性，风不能吹走，只能靠昆虫授粉。在家庭种植，尤其是封闭阳台或室内，昆虫稀少，必须进行人工授粉才能结出美丽的小瓜。

香蕉西葫芦老嫩都可采摘，但一般早期果实需尽早收获，不然后续结瓜就很难长大。

若需要留种，最好选留后期结的瓜，让它自然老化，变成深黄色，然后摘下果实剥出种子晾干，保存备用。

35

白茄

别名｜

白长茄、玉女白茄

特点

茄子原产印度，公元4~5世纪传入中国。其结出的果实是一种常见蔬菜，颜色多为紫色或紫黑色，淡绿色或白色品种较少见，形状上也有圆形、椭圆形、梨形等多种。

白茄属于早熟杂交品种，植株高90~100厘米，株幅75厘米。生长势强，果长25~35厘米，果粗6厘米，单果重250~300克。白花白果，果型粗细均匀美观，茄条白亮光泽度强。不早衰，在生长过程中后期果实色度一致，无畸形果，采收时间长。外皮比紫色茄子厚一些，果实更紧实，肉厚、口感鲜美。

营养价值

白茄其鲜果中含有较多的蛋白质、钙、铁等；还含有丰富的维生素P，在果蔬中含量最高。维生素P可以增加毛细管的弹性和细胞间的粘合力，能有效防止微血管破裂，对高血压、咯血、皮肤紫斑症患者均有不错的疗效。白茄子还能降低血液中胆固醇的含量，对防治黄疸病、肝肿大、动脉硬化等有一定作用。鲜果切片，蘸硫黄粉涂擦患处，可治疗面部雀斑和汗斑。

烹饪小提示

白茄较紫茄入口更软、糯、细，口感更好，因此烹饪时间宜短不宜长。吃法荤素皆宜，既可炒、烧、蒸、煮，也可油炸、凉拌、做汤，都能烹调出美味可口的菜肴。一般做法有油淋茄子、菊花茄子、鱼香茄子、咸鱼茄子、肉末茄子、东坡茄子、素烧什锦茄丁，还有各种茄丝、茄饼、茄盒、茄排、茄饺等。

种植方法

土壤 肥沃壤土或黏壤土种植。

温度 茄子喜温暖，不耐寒、不耐霜冻。出苗前要求白天温度25~30℃，夜间16~20℃。当温度低于15℃时果实生长缓慢，低于10℃时生长停顿，5℃以下就会受冻害。高于35℃时，茎叶虽能正常生长，但花器发育受阻，果实畸形或落花落果。

日照 白茄要求中等强度的光照。光照充足，果皮有光泽，皮色鲜艳；光照弱，落花率高，畸形果多，皮色暗。

水分 白茄不耐旱，水分不足时，植株生长缓慢，甚至引起落花，所结果实的果皮粗糙、品质差。为了保持土壤中适当的水分，除灌溉以外，也可以使用地膜覆盖的方法，以减少地面水分的蒸发。结果期是白茄需水最多的时候，浇水要根据果实发育的情况适时浇灌。第1朵花开放的时候，要控制水分，以免落花。但当果实开始发育，萼片已伸长时，须及时浇水，以促进果实迅速生长。以后每批果实发育的初期、中期，以及采收前几天，都要及时浇水，以满足果实生长的需要。

肥料 白茄是一种需肥量较大的蔬菜，生长结果期长，除多施基肥外，还需进行多次追肥。由于是采收嫩果供食，在结果期间，需氮肥量大。苗期增施磷肥，可以提高结果率。增施氮肥，对于茄子的增产作用很大，却很少引起徒长现象。

播种时间 每年1~3月播种育苗。

1. 将种子用细土拌匀后均匀撒于土面，低温时要覆膜，高温时要遮阴，保持土壤湿润直至发芽。
2. 苗期保持土壤湿润即可，5~6片真叶时定植，定植株行距40厘米×50厘米。
3. 定植成活后需要用棍子树立支架。一株茄子只留两到三根主枝，其余的芽要一律抹掉，长到30~40厘米高时要对主枝摘心。追施1次腐熟有机肥，其后视长势施肥，约每月1次。
4. 开花至挂果时增加施肥次数，约每10天1次，以磷钾肥为主，挂果期应保持土壤湿润，忌忽干忽湿，一般在傍晚浇水。最好让果实自然下垂生长，最下部的果实可以摘除，以免接触土壤而腐烂。
5. 当果实饱满有光泽时即可采收，每采收一次追肥一次。
6. 若需留种，应防止其他茄科植物的花粉混入。若品种纯正，则成熟果实的上半部分无种子，下半部分才有种子。

白马王子黄瓜

别名 |
土黄瓜

特点

黄瓜属葫芦科黄瓜属一年生植物，由西汉时期张骞出使西域带回中原，原名“胡瓜”，五胡十六国时后赵皇帝石勒忌讳“胡”字，故汉臣襄国郡守樊坦将其改称为“黄瓜”。黄瓜的茎叶均有毛，果实上有突起小刺。白马王子黄瓜是黄瓜的一个新品种，它果实短而粗，果实上部绿色，下部白色，较青黄瓜更甜。

营养价值

白马王子黄瓜肉质脆嫩，汁多味甘，生食生津解渴，且有特殊芳香。含水量为98%，富含蛋白质、糖类、维生素B_2、维生素C、维生素E、胡萝卜素、钙、磷、铁等营养成分，其所含的细纤维素，可以降低血液中胆固醇、甘油三酯的含量，促进肠道蠕动，加速废物排泄，改善人体新陈代谢。鲜果还能有效地抑制糖类物质转化为脂肪，因此，常吃白马王子黄瓜可以减肥和预防冠心病的发生。同时，还能有效抗皮肤老化，减少皱纹，并能防止唇炎、口角炎，让您容光焕发，是著名的美容菜蔬，有“厨房里的美容剂”之称。

烹饪小提示

白马王子黄瓜清脆爽口，大部分人以生食为主，蘸酱或凉拌均可。其实作为凉性食品的黄瓜熟食更健康，不仅能保留其消肿功效，还能改变其凉性性质，避免给脾胃虚寒的人群带来不利影响。熟吃黄瓜最好的方法是将黄瓜做汤，虽然在口味上略逊于炒制的，但营养价值可以得到最大程度的保留。食用黄瓜汤最合适的时间是在晚饭前，能将多余的盐分和脂肪一同排出体外。黄瓜汤中加入豆腐，能清热解毒、润燥平胃，是夏季的保健佳肴。

种植方法

土壤 适于各种土质生长，尤喜沙壤土。

温度 喜温暖，不耐寒冷，生长发育需要一定的昼夜温差，温差在10℃左右为最好。种子发芽最低温度为13℃，最高38℃，最适宜温度28~32℃，18℃以下发育缓慢，35℃以上发芽率降低。生育适温为18~30℃，最适宜温度24℃；1℃开始受冻害，低于10℃发育不良；35℃以上生长发育不良，超过40℃落花、化果，温度超过45℃植株枯死。

日照 光照强度要求适中，较能耐弱光，但光照不足时易引起徒长。光周期方面属短日照植物，长日照条件上有利于茎叶生长，短日照条件下结瓜期较早。

水分 黄瓜特别不抗旱，又不耐涝，需保持土壤湿润，采取小水勤浇，避免大水漫灌。

肥料 需肥量较大，除基肥外，需多次追施有机肥。

种植时间 以春、秋两季种植为主。露地栽培，春季在3月上旬，秋季在7月下旬至8月上旬播种；若在苗期有保护措施，则春季在2月上旬至中旬，秋季在9月下旬至10月上旬播种。

1. 先用50℃温水浸种10分钟，然后洗净，用常温水浸种4个小时，再用纱布包好放于25℃的环境下催芽2~3天。
2. 种子出芽后播种，播种时1~1.2宽的菜畦播两行，行间开沟埋入以粪肥为主的基肥，行内开穴，穴距30厘米，每穴播种2~3粒，播后薄土盖种并浇水。或用花盆育苗，每盆点播10~15粒种子。
3. 播种后保持土壤湿润，勤浇水，一般5~7天出苗。
4. 有3~4片真叶时大田直播的每穴选留一株壮苗，可施稀薄腐熟粪尿水。花盆育苗可在此时定植到大田，定植间距60厘米×30厘米。
5. 苗长20~25厘米时搭好“人”字架，引蔓上架，再追肥一次。
6. 开花后，要适当减少浇水量。若蝴蝶、昆虫等媒介少见，需人工授粉，多余的雄花可以除去，节约养分。
7. 开始结果后，每星期追肥一次。对于不开花的侧蔓要尽早掐掉，老叶黄叶也全部剪掉。
8. 一般开花后15天左右可成熟收获，迟收肉会变老。肚大、尖头、细脖等畸形瓜，多半是因为天气太热，或者授粉时发育不良造成的，可以食用。留种最好选取基部个头大、粗细均匀的瓜，任其变老，最后完全成为黄色再收获。收获可一直持续到深秋全株枯黄。

达人经验　如何避免苦味黄瓜?

家庭种植，有时会出现一些黄瓜带苦味。这是由一种叫苦味素的物质引起的，它能使人出现呕吐、腹泻、痉挛等中毒症状。该物质以黄瓜瓜柄基部含量最高，并且可以遗传。在低温、高温、光照不足、氮肥过多或不足、土壤缺水等情况下苦味都会增加。所以为了避免产生苦黄瓜，则要注意:

1. 合理留种：选叶色浅淡，未结过苦味瓜的植株留种。
2. 合理施肥：肥料多选用腐熟的有机肥料，不要用氮素化肥。施肥要少量多次，浓度宜淡不宜浓。
3. 适时栽培：当气温长期低于13℃或高于30℃时，易产生苦味瓜，要注意避免在过冷和过热的季节种植黄瓜。
4. 合理灌水：在高温天气通过合理灌水来调节湿度，保持土壤中有足够的水分，并做到少量多次，浇水宜在晴天早晨进行。

37

五彩番茄

别名｜

樱桃番茄、圣女果、袖珍番茄、迷你番茄

特点

五彩番茄是番茄大家族中的新成员，属于樱桃番茄的一种，现在主要品种有红五彩、绿五彩、黄五彩和紫圣女、紫珍珠等等。其味清甜，无核，口感好，营养价值高且风味独特，食用与观赏两全其美，深受广大消费者青睐。五彩番茄植株生长迅速，播种90天后果实可成熟，可连续采摘3个月。

营养价值

五彩番茄除含有普通番茄的所有营养成分之外，其维生素含量比普通番茄高。五彩番茄中含有谷胱甘肽和番茄红素等特殊物质，可促进人体的生长发育，特别是少年儿童的生长发育，增加人体抵抗力，延缓人的衰老。另外，番茄红素可保护人体不受香烟和汽车废气中致癌毒素的侵害，并可提高人体的防晒功能。其中维生素P含量很高，是保护皮肤，维护胃液正常分泌，促进红细胞生成的重要元素，对肝病也有辅助治疗作用。

烹饪小提示

五彩番茄可以直接洗净当水果食用，也可做成蔬菜沙拉，还可做汤或炒食。五彩番茄不耐储存，最好现摘现食。

红五彩

黄五彩

绿五彩

土壤 五彩番茄对土壤要求不严格，适应能力较强，最适宜在土层深厚，排水良好，富含有机质的肥沃土壤中生长。但应尽量避免在排水不良的黏壤土中种植，易造成生长不良。

温度 五彩番茄属喜温性蔬菜，一生中正常生长发育的温度范围是10~30℃。但不同生长时期对温度的要求也各不相同。营养生长的温度范围为10~25℃，开花结果的温度范围是15~30℃。低于10℃生长速度缓慢，5℃以下停下生长。温度高于30℃，生长缓慢，温度达35℃时，生殖生长受到破坏，不能坐果。

光照 喜阳光，多数品种在11~13小时的日照下开花较早，且果实成熟更快。若光照不足，则青果迟迟不能转红成熟。

水分 半耐旱。幼苗期为避免徒长和发生病害，应适当控制浇水。但进入结果期后，需要增加水分供应。一般春、秋季2天浇一次水，夏季早晚各一次水。

肥料 需肥量较大，除基肥外，需多次追施有机肥。肥料以为氮肥为主，开花结果期增施磷钾肥。

种植时间 大部分地区春季3~5月播种，南方春秋两季可种。

1. 先将种子用温水浸泡6~8小时，使种子充分膨胀，然后放置在25~28℃条件下催芽2~3天。
2. 须提前育苗，采取条播，条距5厘米，种子间隔2厘米一粒或按间距3厘米点播；播种后覆盖厚度约0.5厘米的细土并浇透水，早春播种时还需要套上一个塑料袋保温。
3. 幼芽开始顶土出苗时，如果因覆土过薄，出现小苗裸根的现象，应立即再覆土1次。
4. 番茄刚刚长出真叶，就可以移到单独的育苗钵（黑色营养钵或一次性塑料杯均可），每隔7~10天叶面喷液肥一次。
5. 当番茄上带有花蕾时，选择晴天的上午定植，株行距40厘米×50厘米，栽苗的深度以不埋过子叶为准，适当深栽可促进根系生长。定植后及时树立支架。第一个果穗开始膨大时，施用有机液肥，以后每隔10天追肥一次。
6. 果实大部分变红时就可以采摘，若尚有青色，则在室温下放置两天就能完全转红。

种植小提示

选购种子：五彩番茄选购种子的渠道非常多，一般在农资店购买的种子质量较有保障，选购时还应根据个人的喜好选择高产、抗病、适应性强的品种。

容器选择：五彩番茄对种植容器的直径没有多少限定，直径在15厘米左右就可以种植一棵，若是长条盆种植，则每棵番茄的间距不能少于15厘米。番茄的根系发达，根可伸展到土层的30厘米深，所以选择较深的盆更适合番茄的成长。

播种时机：五彩番茄如果在较冷的春季播种，可覆上一层透明薄膜，发芽后掀开。五彩番茄一般是播种后一个半月到两个月左右开花结果，成功坐果后需要一个多月的时间让果实膨大和成熟。可以根据播种时间推算结果期，尽量避免在七、八月的高温天气和寒冷的冬天结果，因为夏天气温超过30℃时容易出现落花落果的现象，而冬季打霜后，番茄植株就会枯萎死亡。

整枝打顶：双杆整枝，当番茄苗长到出现“Y”字型分枝时可把其余的侧芽摘除，只留两个强壮分枝，而这两分枝上长的侧芽也及时摘除掉。五彩番茄为无限生长型，一般每秆留5个花序后可打顶，生长条件非常好的可适当增加。不定期地摘掉一些老叶子以免消耗太多的营养，同时还可以加强通风。

摘花授粉：五彩番茄出现第一花序后，若是盆小土浅并长势较弱时，建议先摘除第一花序，以便留出养分让后面的花序很快长起来。五彩番茄是封闭花房自花授粉，若在封闭阳台内需要轻轻震动花朵辅助授粉。

二次结果：一茬果实差不多收获完了，可把“Y”字型分枝约10厘米以上的地方剪去，这样新芽很快能长起来，并再次结果。

防治病虫：为防五彩番茄招虫和患病，可每隔半个月左右往叶面叶底喷一次米醋兑一百倍水的液体。另外，在五彩番茄盆内种植几棵小葱，既能防虫还能让五彩番茄的口感更好。

38

草莓玉米

别名｜

水果玉米、彩色玉米

特点

玉米属于禾本科玉蜀黍族玉蜀黍属玉米种，学名玉蜀黍，俗称棒子、玉茭、苞米、苞谷，原产于拉丁美洲的墨西哥和秘鲁沿安第斯山麓一带。哥伦布发现美洲大陆后，在第二次归程（1499年）中把玉米带到西班牙。随着世界航海业的发展，玉米逐渐传到了世界各地，成为最重要的粮食作物之一。草莓玉米是袖珍型彩色观赏玉米，为一年生直立草本，是普通玉米的变异品种。株高仅100厘米左右，三个多月即可结果，果实为紫红色，呈椭圆形，酷似草莓，小巧可爱，极具观赏性。其果实甜度高，营养价值高，完全可生食。还有一种黄色的水果玉米，也属于袖珍玉米。

营养价值

玉米素有长寿食品的美称，含有丰富的蛋白质、脂肪、维生素、微量元素、纤维素及多糖等，其营养价值超过面粉、大米，经常食用能预防动脉硬化、心脑血管疾病、癌症、高胆固醇血症、高血压等病。

烹饪小提示

草莓玉米是适合生吃的一种超甜玉米，嫩果皮薄、汁多、质脆而甜，可直接生吃，薄薄的表皮一咬就破，清香的汁液溢满齿颊，像水果一样。也可以蒸、煮食用或加工成甜点。

草莓玉米与黄色水果玉米

土壤 以土层深厚、结构良好、营养丰富，疏松通气的壤土种植最为适宜。

温度 草莓玉米喜温，不耐寒，忌炎热，对温度反应敏感。不同生育时期对温度的要求不同，种子在10℃能正常发芽，以24℃发芽最快。拔节最低温度为18℃，最适温度为20℃，最高温度为25℃。开花期是玉米一生中对温度要求最高，反应最敏感的时期，最适温度为25~28℃。温度高于32℃，花柱易枯萎，难以成功授粉。

日照 草莓玉米喜光，整个生长期都要求强烈的光照。出苗后在8~12小时的日照下，发育快、开花早，生育期缩短，反之则延长。因此，栽种在向阳的地块，并且要合理疏植，以免互相遮挡阳光。

水分 需水较多，除苗期应适当控水外，其后都必须满足水分的要求，才能获得高产，一般3~5天浇水一次。

肥料 喜肥，底肥要施足，生长的三个阶段，需肥数量比例不同，苗期可不用追肥，穗期需要追施大量肥料，粒期施少量肥料。

种植时间 每年4~6月播种。

1. 在育苗容器里播种，采取点播的方式，间距5厘米，每穴1~2粒，覆土约2厘米，浇透水。
2. 约8~12天出苗。3~4片叶时间苗，每穴留一株健壮苗。
3. 5~6片叶时即可定植，并结合定植进行中耕除草。盆栽一盆可种植1~2株（视盆大小而定）；庭院栽培按照行距40厘米，株距25厘米定植。
4. 7~8片叶时（拔节前）追施拔节肥，随后浇水。长到13~14片叶进行第二次追肥并适时浇水。
5. 作水果食用的玉米可在果穗包叶微微发黄、籽粒还未变硬时收获，菜用玉米可适当晚收。留种玉米要等到籽粒完全成熟，包叶枯黄时收获。收获后将玉米晒干，干燥保存（脱粒或不脱粒保存均可，但脱粒时必须纯手工操作，以免损伤胚芽），以便来年种植。

达人经验 种植草莓玉米省地妙招——套种

草莓玉米从播种到收获，时间相对较长，但是都市种菜族土地有限，怎么才能合理利用呢？这里有个省地妙招，就是在玉米地里套种其他蔬菜，一地两用，各取所需，蔬菜收获了，玉米也长大了。

1. 品种选择

在草莓玉米定植后尚未长的很大时，套种速生绿叶菜，如小白菜、生菜、蒜苗、苋菜等等。后期玉米植株长高，地面光线较弱，可套种耐阴蔬菜，如莴苣、韭菜、空心菜，等等。

2. 套种方法

草莓玉米定植行距为40厘米，我们可以在这40厘米的空档里做文章，在40厘米的空隙中央划一条浅沟，条播蔬菜种子，然后正常管理，待蔬菜收获后，玉米也结果了。一般可套种两茬蔬菜。

39

荷兰豆

别名 |

荚用豌豆、软荚豌豆、甜豌豆

特点

荷兰豆由原产于地中海和中亚的粮用豌豆演变而来，是豆科中以嫩豆粒或嫩豆荚供菜食的蔬菜，一年生或二年生攀缘草本。荷兰豆嫩荚质脆清香，是西方国家主要食用蔬菜品种之一。在我国尚未广泛种植，属稀特蔬菜。

营养价值

荷兰豆富含蛋白质、铁和多种维生素，营养价值很高，对增强人体新陈代谢功能有十分重要的作用，并具有延缓衰老、美容保健功能。经常食用荷兰豆对脾胃虚弱、小腹胀满、呕吐泻痢、产后乳汁不下、烦热口渴均有疗效。

烹饪小提示

荷兰豆脆甜清香，极被人们所喜爱，多用作炒食。清炒或搭配香肠、火腿、肉类同炒，具有解油腻，增鲜香的功效。还可以炖汤或煮粥，清淡爽口，健脾开胃。特别注意，荷兰豆必须完全煮熟后才可以食用，否则可能发生中毒。

种植方法

土壤 土层深厚、有机质含量丰富、疏松肥沃、排水良好的沙壤土。

温度 荷兰豆属半耐寒性植物，喜冷凉而湿润的气候，较耐寒，不耐热。种子在4℃下能缓慢发芽，但出苗率低，时间长。发芽适温15~18℃，30℃的高温条件不利出苗，种子易霉烂。幼苗可耐-5℃的低温，生长期适温为12~20℃，开花期适温为15~18℃，荚果成熟期适温为18~20℃；温度超过26℃时，授粉率低，结荚少，品质差，产量低。

日照 荷兰豆属长日照作物，要求较长的日照和较强的光照。延长光照可促进早开花，荚果生长期若遇连续阴天或田间通风透光不好，则植株生长纤细，结荚稀疏，嫩荚产量大大降低。

水分 喜湿润，为提高产量和品质，在整个生长期都要求较多的水分，保持土壤和空气湿润。开花前，浇小水；结荚时，浇水量稍稍加大，土壤要经常保持湿润；结荚后期应减少浇水。同时，荷兰豆不耐涝，耐湿性差，播种后受涝害易烂籽，苗期受害易烂根，生长期间受害易感染病虫害。

肥料 基肥充足情况下，荷兰豆苗期可不追肥或少量追肥，在整个开花结果期需追肥2~3次。

种植时间 越冬栽培一般于10月下旬~11月中旬播种，露地越冬，次年4~5月采收。也可以春播，长江中下游地区在2月下旬至3月上旬播种，高温来临前收获。东北地区春播夏收，一般4~5月份播种。

种植步骤

1. 播种前用40%的盐水将种子浸泡24小时，淘去上浮不充实的或遭虫害的种子。
2. 于畦中间开浅沟播种，行穴距25厘米×20厘米，每穴播2~3粒种子，播后覆土2厘米即可。

达人经验 水培荷兰豆苗

荷兰豆苗又名龙须菜，是一种新型蔬菜，用材简单，生长周期短，适合家庭种植。

食用部位 刚发芽的嫩苗

栽种时间 一年可种，只要温度保持在15~25℃即可

采收时间 播种8~10天后

物品准备 新鲜荷兰豆种子、带孔可以透气和漏水的小塑料筐1个、喷壶1个、白色毛巾1块、深色吸水布1块

1. 将荷兰豆种子在清水里浸泡48小时，捞去杂质和漂浮在上面的种子。
2. 在框内铺上一层湿润的纱布或湿纸巾，将沥干水的种子均匀地铺在上面。
3. 在种子上盖一层深色的吸水性好的布，每天早晚洒水一次，保持纱布湿润。
4. 3天后，芽已经长出有2厘米了，及时拣出不发芽和霉烂的种子。
5. 5天后，荷兰豆芽长到4厘米左右，此时浇水要少而勤，避免积水烂苗，宜采用喷水或喷雾方式。
6. 7天后，小白菜芽长到5厘米左右时，撤去遮盖物，让其见光，嫩芽转绿，过1~2天就可以收获了。

3. 田间保持湿润状态，出苗后，每天淋一次薄水。出苗后3~4天追施一次稀薄粪水。
4. 苗高20厘米左右，再追肥一次，浓度稍浓。
5. 当幼苗长到5~6片真叶，株高约30厘米卷须出现时，要及时搭架并引枝上架，使荷兰豆的藤蔓向上攀缘生长，行间注意保持通风透光。
6. 开花后，需要再追施有机肥一次。
7. 荷兰豆的荚果为自下而上逐步成熟，常常是基部豆荚已开始采收，而上部却正在开花刚结荚，需要分批及时采收。一般花谢后8~10天，豆粒刚开始发育且尚未膨大时进行采收最好，不宜过早或过迟。

40

无架扁豆

别名｜

藊豆、南扁豆、沿篱豆、蛾眉豆

特点

扁豆是豆科蔬菜扁豆属植物中的一个栽培种，一年生或多年生草质藤本植物，在南方无霜冻地区可作多年生栽培。食用嫩荚或成熟豆粒。原产亚洲，主要分布在印度及热带国家。我国以南方栽培较多，在自然情况下高寒地区栽培，虽能开花，但不结荚。扁豆分长、短蔓两类，短蔓扁豆蔓又叫无架扁豆，藤长30~60厘米，分枝多，比较适宜家庭花盆栽培。扁豆根据颜色的不同，有白扁豆和紫扁豆之分。

营养价值

扁豆的营养成分相当丰富，包括蛋白质、脂肪、糖类、钙、磷、铁及食物纤维、维生素B_1、B_2、维生素C等，此外，还有磷脂、蔗糖、葡萄糖。另外扁豆中还含有血球凝集素，有显著的消退肿瘤的作用。肿瘤患者宜常吃扁豆，有一定的辅助食疗功效。扁豆的种子、种皮和花均可入药，有消暑除湿、健脾解毒等功效。

烹饪小提示

扁豆不能生食，一定要熟透才能食用，豆荚可以切成丝与辣椒或肉一起炒，是非常美味的下饭菜，还可以先用水煮熟再加入蒜末、香油和醋凉拌食用，不仅爽口，而且营养成分也保留较多。成熟豆粒煮食或做豆沙馅皆可。

种植方法

土壤 土层深厚、有机质含量丰富、疏松肥沃、排水良好的沙壤土。

温度 喜温怕寒，遇霜冻即死亡。种子发芽适温20~25℃。在15℃以下发芽不良，10℃以下停止发芽。生长适温20~30℃，开花结荚最适温25~28℃，可耐35℃高温。低于15℃和高于28℃时对开花结荚不利，会加重落花落荚。尤其是高于32℃时，不仅造成大量落花落荚，而且严重影响嫩荚的品质。

日照 对光照不敏感，较耐阴。半日照至全日照环境皆可种植。

水分 扁豆对水分要求不严格，成株抗旱力极强。苗期根据天气情况3~7天浇一次水；开花结荚期控制浇水，坐荚后需要供应较多水分。不耐涝，雨后需及时排水。

肥料 因扁豆不断开花结荚，所以，对肥料需求较大，除了基肥外，还需要不断追施腐熟的人畜粪水，以优质增产。

种植时间 中国的西北和东北地区在春夏（4月~5月）栽培；华北、长江流域和华南春播（3月~4月）和秋播（8月~9月）。

种植步骤

1. 将土地深耕后上足底肥，以厩肥为佳。
2. 每畦种两行，行距50~60厘米，穴距25~30厘米，每穴播种子3~4粒，播后覆土2厘米，并浇透水。
3. 播种后7~10天出苗，要及时查苗补苗，并做好间苗工作，一般每穴留健壮苗2株，然后结合浇水施腐熟人畜粪尿一次。无架扁豆可以不搭架，任其匍匐生长，若盆栽可适当设立支柱，节约空间。
4. 开花后再追肥一次，浓度可适当提高，开花后须将不开花的藤剪除。
5. 花后8~10天，豆荚颜色由深转淡，籽粒未鼓或稍有鼓起时采收。若籽粒已经鼓起，这时候再采摘豆荚就太老了，可等到成熟后，剥取里面的豆粒食用。
6. 扁豆可以一直收获到霜降植株枯死为止。每采摘一次可以追施一次稀薄有机肥。选茎蔓中部的健康荚果留种，待豆荚充分成熟，呈黄色时采收，剥壳晾干后荫蔽收藏。

小知识　扁豆和它的近亲

很多朋友常常分不清扁豆、四季豆、荷兰豆和刀豆，因为它们的长相实在是太像了，其实，它们也确实是近亲，都是豆科植物，开美丽的蝶形花，多以嫩荚供食用。但是，它们也有各自的一些特点，记住这些，就能轻松分辨这四种豆子了。

扁豆是扁扁弯弯月牙形的豆子，有青绿色和紫色；四季豆是绿色或青白色、圆的或扁的豆子，比扁豆厚实且长一些；荷兰豆与扁豆类似，但是呈嫩绿色，清炒有股特殊的清香；而刀豆顾名思义，形状像一把大刀，比扁豆要大且硬，在外侧有棱，一般多作泡菜食用。

第七章

可食优美观赏菜及香草

家庭种菜，不仅要好吃，更要好看。一些新特蔬菜本身就可作为观赏花卉种植，例如黄花、露草、罗勒等，还有些蔬菜的新特品种，由于独特的形状和颜色而别具观赏性，例如紫生菜、红筋芥菜，等等。这些优美的蔬菜，是家庭小菜园中不可或缺的一道靓丽风景线。

41

黄花

别名 |
金针菜、忘忧草、萱草花

特点

黄花为百合科多年生草本植物，以花蕾供食用，是一种营养价值高、具有多种保健功能的珍品花卉蔬菜。黄花约有15个品种，分布于中欧至东亚，我国约有12种，各省均有分布。黄花同时还是一种极具观赏性的花卉，形似百合，花色橙黄，花期较长，不但可以种植在花坛、花盆美化环境，还可以用作切花或插花。

营养价值

黄花味鲜质嫩，营养丰富，含有丰富的糖、蛋白质、维生素C、钙、脂肪、胡萝卜素、氨基酸等人体所必须的养分，其所含的胡萝卜素甚至比西红柿高出好几倍。黄花菜性味甘凉，有止血、消炎、清热、利湿、消食、明目、安神等功效，对吐血、大便带血、小便不通、失眠、乳汁不下等均有疗效，可作为病后或产后的调补品。日本学者把黄花菜称“健脑菜”，我国现代医学研究表明黄花还具有显著地降低胆固醇的作用。常吃黄花菜能延缓衰老、提高免疫力、滋润皮肤。但要注意，黄花菜是近乎湿热的食物，胃肠不和，平素痰多，尤其是哮喘病者，不宜食用。

烹饪小提示

黄花菜常与黑木耳等斋菜配搭同烹，也可与蛋、鸡、肉等做汤吃或炒食，营养丰富。但鲜黄花菜中含有一种“秋水仙碱”的物质，它本身虽无毒，但经过肠胃道的吸收，在体内氧化为“二秋水仙碱”，则具有较大的毒性。因此食用时，应先将鲜黄花菜用开水焯过，再用清水浸泡2个小时以上，捞出用水洗净后再进行炒食，这样就安全了。黄花晒干后，可以存放较长时间。食用前用水泡发即可。

土壤 土质疏松、土层深厚的沙壤土或偏沙壤土。

温度 黄花菜喜温暖的气候，不耐寒冷，遇霜后地上部分即枯死。地下茎和根系抗寒力强，可安全越冬，能忍受&40~&30℃的低温。苗期要求温度在5℃以上，叶片生长的适宜温度为15~20℃。抽薹和现蕾期间，温度较高昼夜温差大时，植株生长茂盛，花薹粗壮，花蕾多。

光照 较喜光，尤其是花期日照充足，则花蕾多，质量好。

水分 黄花喜湿润，在生长发育期保持一定的土壤水分有利高产，抽薹前需水较少，间干间湿即可，抽薹后要求土壤湿润，盛花期需水量最大。水分充足，花蕾发生多，生长快，而干旱则会导致小花蕾不能正常生长而脱落，造成产量降低。终花期浇一次透水后，整个冬季就不再浇水。

肥料 黄花耐瘠薄，但基肥充足时长势好，产量高。施肥宜氮、磷、钾合理搭配，不宜偏施氮肥，以免叶丛柔嫩而导致病虫害发生。追肥应于春苗发芽期、抽薹开花期和冬苗发育期分次进行。

种植时间 栽植黄花菜最好采用分株繁植的方法。分株繁殖的时间，从当年黄花叶片全部枯死的秋冬季到第二年早春苗叶萌发初期的2月底止都可进行，但以9月下旬至10月栽植最好，有利发冬苗，第二年就可抽薹开花。

1. 黄花菜是多年生植物，定植前要施足基肥。可在栽植前先开30厘米深的定植沟，顺沟施入厩肥，再铺放表层熟土。
2. 从生长2年以上的健壮黄花上掰取分蘖根，每根带2~3个芽。
3. 按照行距50厘米，穴距40厘米，每穴栽2株，栽后将土踩实，让小芽露出地表1厘米，并浇透水。
4. 黄花菜出苗后到花茎抽出前，追肥一次。当植株叶片出齐，花薹抽出10厘米时和花薹抽齐时，分别结合浇水追肥一次。
5. 花蕾以将开未开时采摘最好，盛开的次之，开败就没有采摘必要，花谢后剪下扔掉，采摘时间宜在中午之前。收获中后期蕾大花多，每隔1周追施磷肥和钾肥1次。
6. 在寒露时，黄花菜叶全部枯黄，要齐地割掉，并烧掉枯草、烂叶，在根部施足越冬肥，浇透越冬水，为顺利越冬做准备。

种植小提示

黄花作多年生栽培，一经种植，多年不换地，所以凡种黄花的土都要深耕，深度在35厘米以上。深耕翻土最好在伏天进行，既有杀虫菌除草的作用，又可促进土壤熟化，改善结构，提高肥力。

分株繁殖的黄花生长很快，第二年就可开花，第3~4年就可进入盛产期。但种植多年后，植株过密，长势差，产量明显下降。因此，对种植时间达10年的老园必须进行更新改造。具体方法是将所有黄花老蔸全部挖出，按种植步骤重新分株移栽。

42 红筋芥菜

别名 |
紫筋芥菜、红叶芥菜

特点

芥菜是十字花科芸苔属一年生或二年生草本，起源于亚洲，是我国著名的特产蔬菜，品种繁多。主要有叶用芥菜（如雪里蕻、大芥菜）、茎用芥菜（如榨菜）和根用芥菜（如大头菜）三类。芥子菜、薹用芥菜和芽用芥菜较少见。平时人们所说的芥菜一般指叶用芥菜。红筋芥菜是芥菜的一种，植株高达30厘米以上，一棵重达1千克以上，茎叶厚而肥大，脉络处呈现紫红色。其口感较普通芥菜更嫩，略有苦味。

营养价值

红筋芥菜含有含丰富的蛋白质、维生素和矿物质等营养物质。其含有的大量抗坏血酸，具有提神醒脑，解除疲劳的作用，其次还有解毒消肿之功，能促进伤口愈合，可用来辅助治疗感染性疾病。此外，红筋芥菜还能促进胃、肠消化功能，增进食欲，可用来开胃，帮助消化。由于其含有胡萝卜素和大量食用纤维素，故有明目与宽肠通便的作用，可作为眼科患者的食疗佳品，还可防治便秘，尤其适宜老年人及习惯性便秘者食用。

烹饪小提示

红筋芥菜茎叶脆嫩，口味清香。叶梗加入鸡汤一起煮，味道十分鲜美，还可清炒、凉拌、涮火锅。而且由于其富含芥子油，具有特殊的香辣味，其蛋白质水解后又能产生大量的氨基酸，所以经过腌制加工后的红筋芥菜色泽鲜黄、香气浓郁、滋味清脆鲜美，无论是炒、蒸、煮汤或作配菜，都非常美味。

种植方法

土壤 疏松透气、排灌方便、有机质丰富的沙壤土。

温度 喜冷凉的生长环境条件，忌炎热，稍耐霜冻。一般叶用芥菜对温度要求较不严格，发芽适温25℃左右，幼苗期能耐一定的高温，生长适温10~20℃。在10℃以下、25℃以上则生长缓慢，高温下品质变差。冬季可耐短期-3℃低温，经霜后滋味更好。

光照 红筋芥菜喜阳光，要求日光充足，生长才能健壮，叶片肥厚，红筋分明；长期阴雨，遮荫密闭，会影响叶片和茎部的发育，且红筋逐渐变浅。

水分 红筋芥菜喜欢较湿润的环境，由于其根系较弱，所以既不耐旱又不耐涝。如果水分不足则生长不良，组织硬化，纤维增多，品质差。但如果土壤水分过多，则影响根系吸收养分和水分，也会造成生长不良。所以苗期要保持土壤湿润，定植时要浇透缓苗水；生长期适时浇水，随时保持土壤的湿润。

肥料 红筋芥菜对肥料要求不严格，定植土地需施足基肥，整个生长期随水追肥3~4次即可，肥料以氮肥为主。

种植时间 多进行露地栽培，南北方均以秋播为主。长江流域早播可在9月上旬，晚播可到9月下旬，收获期在当年12月前后。若10月播种，一般要到翌年2～4月收获。以幼苗采收供食的，在温暖地区如广东可周年播种。北方地区秋播一般8月上旬播种，10月霜冻前收获。

种植步骤

1. 红筋芥菜属于大叶品种，采取先育苗后定植的方法。育苗土施少量基肥，采用条播，条间距5厘米，条沟深1厘米，种距2~3厘米，播种前浇足底水，播后盖细土，并盖上稻草等覆盖物保温保湿。
2. 保持育苗畦湿润，一个星期左右出苗。出土后再覆一层细土，子叶展开后间苗，苗间距3厘米，除去弱苗、病苗，少量喷水保持表土湿润。
3. 幼苗长到2片真叶时，行间适当松土、除草，幼苗长出4片叶时准备定植。
4. 定植前整地施肥，定植株行距30厘米×40厘米，在定植时注意不要伤根，也不要使根系扭曲、悬空，定植后浇透水。
5. 定植后7~10天浇水一次，以后保持土壤间干间湿。成活后追肥一次，此后视情况再追2~3次肥。
6. 若以小株供食用，则定植40天以后约8~10叶可根据需要随时采收。如果是用来腌制，最好待植株充分长大后，在晴天的下午采收。南方冬春皆可收获，但不应迟于3月，采收晚了易抽薹、开花。保留健壮，叶脉紫红明显的植株作为留种植株，开花后注意隔离，以防串种。

达人经验 合理密植种芥菜

自从在大田种菜以来，芥菜是必种菜之一，最先种植的是雪里蕻，鲜吃腌食两相益。后来陆续种植了包心芥菜、扁大哈大肉芥、花叶芥菜和细叶雪里蕻。去年又种了红筋芥菜、大青菜、儿菜、大头菜和丕菜等芥菜品种。这样算下来，种过的芥菜已经达到十多种。

种芥菜我喜欢合理密植。如果株行距是30厘米×40厘米，我初种时株行距是15厘米×20厘米，一小块地，一行种5棵，种10行，就可以种50棵。可以分三批次采收，第一次是单行间拔采收第一、三、五棵，双行间拔采收二、四棵，这一轮采收可分多次完成，采完后就只剩下25棵；第二次是将双行的剩余3棵陆续采收，收完后就只剩下10棵了，株行距也达到30厘米×40厘米的要求；最后是一次性将剩余10棵全部采收。

合理密植的好处一是占地少，原来只能种10棵的地块，现在可以种50棵。二是可以多次间拔采收，不断有鲜菜可食。合理密植要注意的是肥要跟上，底肥要足，每采收一次后，要松土施肥一次。

43

紫生菜

别名 |

汉堡生菜、咖啡生菜

特点

生菜是叶用莴苣的俗称，属菊科莴苣属一年生或二年生草本作物，原产欧洲地中海沿岸，由野生种驯化而来。古希腊人、罗马人最早食用。生菜传入我国的历史较悠久，东南沿海，特别是大城市近郊、两广地区栽培较多，台湾种植尤为普遍。生菜按叶片的色泽区分有绿生菜、紫生菜两种。如按叶的生长状态区分，有散叶生菜、结球生菜两种。前者叶片散生，后者叶片抱合成球状。紫生菜叶片呈倒卵形，叶面平滑，质地柔软、叶缘稍呈波纹，属于半结球生菜。

营养价值

紫生菜中膳食纤维和维生素C较白菜多，有消除多余脂肪的作用，故又叫减肥生菜；因其茎叶中含有莴苣素，故味微苦，具有镇痛催眠、降低胆固醇、辅助治疗神经衰弱等功效；甘露醇等有效成分，有利尿和促进血液循环的作用；紫生菜中还含有一种“干扰素诱生剂”，可刺激人体正常细胞产生干扰素，从而抑制病毒产生。

烹饪小提示

生菜之所以被称为生菜，就是因为它非常适合生食。特别是紫生菜，水分足，口感油滑，味香微甜，故生食清脆爽口，特别鲜嫩。可做沙拉或炝生菜，还可以搭配烤肉食用。熟食最常见的做法有蚝油生菜、蒜蓉生菜，同时也是火锅的配菜。但无论是炒还是煮，时间都不要太长，这样才能保持生菜脆嫩的口感。紫生菜不耐储存，两天就容易腐烂变质，所以最好现收现吃，并且避免与香蕉、熟苹果等水果存放在一起。一般人群均可食用紫生菜，但尿频、胃寒的人应少吃。

土壤 以有机质含量高、疏松肥沃的壤土或沙壤土栽培为好。

温度 紫生菜是半耐寒的蔬菜，喜冷凉，忌高温。种子在4℃以上时开始发芽，最适宜的温度为15~20℃，30℃以上时发芽受阻。多数品种的种子有休眠期，在高温季节播种时，播前需进行种子低温处理。生长的适宜温度为16~20℃，开花结实期要求有较高的温度，在22~29℃的温度范围内，温度越高从开花到种子成熟所需要的天数越少。成株的抗冻性较差，在0℃以下易受冻害。

光照 紫生菜属长日照作物，要求日照充足，生长才能健壮，叶片肥厚，长期阴雨，遮阴密闭，会影响叶片和茎部的发育。

水分 紫生菜叶片多而大，组织柔嫩，蒸发量大，因此，需水量大，不耐干旱。但幼苗期要适当控制水分，过干或过湿会造成幼苗老化或烂苗。生长中后期要充分供水，水分不足，会影响口感。

肥料 紫生菜叶丛大，故需氮肥最多，磷、钾肥也不能少，如缺磷则叶片少，植株矮小，产量低，品质差；缺钾则影响氮、磷的吸收，也影响产量。所以应施含有多种元素的农家肥。

种植时间 东北、西北的高寒地区多为4月播种，华北地区及长江流域春秋（2~3月和8~11月）均可栽培，华南地区从9月至翌年2月都可以播种。

种植步骤

1. 先将种子用清水浸泡3~4小时，使其充分吸水，如果是秋播，需用湿纸巾包好，放入冰箱冷藏室催芽。
2. 4~5天后，有70%~80%的种子露出白芽时即可准备播种。

生菜的几个品种

3. 将种子掺入少量细沙土混匀，再均匀撒播，播后覆土0.5厘米。冬季播种后及时盖膜，夏季播种苗床应尽可能地设在通风凉爽的地方。
4. 一周后，生菜全部破土而出，此时要注意保持土壤湿润。
5. 两周后，间苗一次，给生菜留出足够的生长空间。此时追施农家肥一次。
6. 四周后，小苗具有5~6片真叶时即可定植，定植时要尽量注意不要挖伤幼苗根系，定植株行距为15厘米×20厘米。阳台种植可以适当密植。
7. 六周后，追施农家肥一次。当生菜的叶片长到手掌那么大的时候，就可以分批采收了。

44

紫油麦菜

别名 |

莜麦菜、苦菜、牛俐生菜

特点

油麦菜是一种尖叶型的叶用莴苣，是菊科莴苣属一年或两年生植物，有“凤尾”之称。油麦菜的嫩叶嫩梢质地脆嫩，口感极为鲜嫩、清香、具有独特风味。油麦菜从叶形来分，有尖叶和圆叶之分，从颜色来分，有绿油麦菜和紫油麦菜之分，绿油麦菜较常见。紫油麦菜大小和形状与绿油麦菜基本相同，但叶面绿中带紫，紫中泛绿，叶片有凸起，不如绿油麦菜平滑。

营养价值

油麦菜不仅味道特别，营养方面也很出色。油麦菜的营养价值与生菜相近，但高于生菜，同时也高于它的近亲莴苣。油麦菜的蛋白质含量比莴苣高 40%，胡萝卜素含量高1.4倍，钙含量高两倍，铁含量高33%。油麦菜是绿叶菜中含维生素和钙、铁都较多的，所以它有是生食蔬菜中的上品之称。此外还具有一定的食疗功效，在降低胆固醇、治疗神经衰弱、清燥润肺等方面都有积极作用，特别是维生素C含量高，对于治疗坏血病、预防动脉硬化、抗氧化等都有明显效果。

烹饪小提示

紫油麦菜质地脆嫩，口感极为鲜嫩、清香、具有独特风味。既可生食，又可热炒，因其含水量低于生菜，所以烹调时缩水较少。不过，炒油麦菜的时候切记时间不能过长，断生即可，否则会影响菜的口感和鲜艳的色泽。由于油麦菜对乙烯很敏感，因此储藏时应尽量远离苹果、梨和香蕉，以免诱发赤褐斑点。还要特别提醒的是，油麦菜性质凉寒，因此尿频、胃寒的人不宜多吃。

土壤 适应性强，对土壤要求不严格，但以有机质含量高、疏松肥沃的沙壤土栽培为好。

温度 紫油麦菜适应性强，性喜凉爽气候。种子发芽适温为15~20℃，超过25℃或低于8℃不出芽。适宜生长温度为18~25℃，低于12℃时生长较缓慢，高于30℃时则品质不佳，老硬难吃。

光照 紫油麦菜属喜光耐阴蔬菜，可以稍加遮荫，但不宜遮荫达50%以上，在遮阳率30%左右最具可食用性，口感好；全阳条件下生长最壮，但口感稍次一点。

水分 紫油麦菜的需水量不大，一般一个星期左右浇水一次，浇水时可以采取开沟灌溉的方式，但浇水量不宜过大，保持土壤湿润就可以。

肥料 除基肥外，生长期需随水追肥2~3次。

种植时间 紫油麦菜耐热、耐寒，适应性极强，全国大部分地区均可种植。一般可春种夏收、夏种秋收，早秋种植元旦前收获以及冬季大棚生产。春种可于1月下旬保护地育苗，夏种可于4月上旬播种，秋种可于8月下旬播种。

1. 先将种子浸泡1小时，然后捞起用湿润纱布包裹置于15~20℃处催芽。秋播需放在家用冰箱冷藏室。催芽时间2~3天，种子露白后即可播种。
2. 苗床可拌入少量基肥，播种时用适量3倍细沙与种子拌匀，均匀撒播。注意不要撒得太密，以防幼苗徒长。播种后用0.5厘米细土覆盖种子，将土稍稍压结实，然后浇足水。
3. 保持土壤湿润，每隔两天检查一下是否需要补充水分，一般约5~7天发芽，注意发芽前不要在太阳下暴晒。
4. 长出两片真叶时及时间苗，并施稀薄粪水，促进幼苗生长发育。
5. 播后25天左右、长出5~6片真叶时及时定植。定植前要施足腐熟有机肥。定植株行距10厘米×15厘米，移栽后要浇透定植水。
6. 定植缓苗后，结合浇水追施1~2次少量的氮肥，以后要经常保持土壤湿润，及时中耕除草。
7. 油麦菜株高20~30厘米时，可以间拔采收。株高35厘米以上时，就要适时一次性采收。留种植株可一直等到抽薹开花。

小知识　“紫色菜”不是转基因

现在越来越多的“紫色菜”走入大众视野，包括紫油麦菜、紫生菜、紫包菜、紫豇豆、紫花菜，等等，虽然让人大开眼界，可食用却有点“心理障碍”，怀疑是转基因食品。对此，农业科学院专家解释说：目前市场上见到的紫色蔬菜都是从外国、外地引进的新品种，它们在当地都是“大众菜”，蔬菜叶片、叶茎呈紫色是它的品种特性，绝对不是转基因食品。引进这些紫色蔬菜是为了丰富市民餐桌的颜色。紫色蔬菜的营养成分与绿色蔬菜区别不大，有的甚至比绿菜营养成分还高，如“叶用甜菜”含有丰富的维生素B和维生素C。而且“紫包菜”等紫色蔬菜煮出的紫色菜汤与彩苋菜的红色菜汤一样，属于天然植物色素，无毒无害。

紫油麦菜的近亲紫莴苣

45

紫包菜

别名 |

紫圆白菜、紫甘蓝

特点

甘蓝起源于欧洲地中海沿岸，已有数千年的栽培历史。18世纪经“丝绸之路”传入我国，普通结球甘蓝（包菜）的栽培面积，解放以后发展迅速，在全国范围内仅次于大白菜。紫包菜是结球甘蓝中的一个类型，由于它的外叶和叶球都呈紫红色，因而得名。其叶片紫红，叶面有蜡粉，叶球近圆形。其适应性强，病害少，结球紧实，色泽艳丽，营养丰富。紫包菜传入我国时间不到100年，由于在炒煮时，颜色成为黑紫色，不甚美观，加上国人不习惯生食，故一直未得到发展。直到近20年，随着国际交往的日益频繁，对紫包菜的需要量也日渐增多，才被列为特色蔬菜而种植。

营养价值

紫包菜的营养丰富，主要营养成分与包菜差不多，但维生素成分及矿物质都明显高于包菜。紫包菜中含有丰富的维生素C、维生素E，维生素U、胡萝卜素、钙、锰、钼以及纤维素。经常食用紫包菜能帮助减肥，防止便秘，而且还有防衰老抗氧化的美容效果，使人年轻充满活力，特别适合老人、儿童和妇女食用。

烹饪小提示

紫包菜可用于炒食、煮食、凉拌、配色，具有特殊的香气和风味。但从营养角度来讲，凉拌最佳。将紫包菜洗净用手撕碎（比刀切的更脆），调入盐、醋、糖等作料，拌匀腌渍30分钟，即可食用。

种植方法

土壤 喜土层深厚，富含有机质保水力强的沙壤土。

温度 紫包菜属半耐寒蔬菜，喜凉爽气候。种子2~3℃时就能缓慢发芽，发芽适温为18~20℃，苗期抗寒力较强，能耐-5~-7℃的短时间低温。气温20~25℃时适于外叶生长。球叶生长最适温度为15~20℃，但适应温度范围为7~25℃，25℃以上生长减缓，30℃的高温下叶球生长延缓或停止。

光照 要求中等强度的光照。强光照对生长反而不利。紫包菜属长日照作物，植株通过春化阶段后，长日照有利于加速抽薹、开花。

水分 紫包菜叶面积较大，水分蒸腾量也较大，生长需要较多水分和湿润的环境。苗期要保持土壤湿润，浇水后要及时中耕松土，定植后浇足一次水后开始适当蹲苗；包心后，需要充分供应水分；待叶球形成后，应控制浇水，防止开裂。

肥料 生长早期需要较多的氮肥，在施农家肥作基肥时，最好配合施一部分速效氮肥（人粪尿等），于做畦后定植前施入。另外，在莲座期应适当追施草木灰。

种植时间 中国北方一般春（1月上旬到2月上、中旬）、秋（7月至8月）两季栽培。南方秋、冬季（12月至1月）和冬、春（2月至3月）季栽培。内蒙古、新疆、黑龙江等高寒地区，多春播秋收。

1. 将种子在55℃的温水中浸种20分钟，然后沥干水放在湿润的地方催芽24小时。
2. 将种子均匀撒在土面，最后覆土1厘米，浇透水。
3. 注意保持土壤湿润，一个星期后即出苗，出苗后及时间苗。
4. 等苗高12~15厘米，有5~8片真叶时，选叶片肥厚、颜色深紫、茎粗的植株定植，定植行株距35厘米×40厘米，定植后要及时中耕松土。
5. 生长期要适当蹲苗，减少浇水量。当心叶开始包合时，应及时结束蹲苗，开始浇水施肥，追肥以腐熟的有机肥为主。
6. 进入结球盛期，每隔7天左右浇一次水，结合浇水要追施两次腐熟有机肥，并撒草木灰。
7. 当叶球完全包好，比较紧实的时候采收，可分批采收。

46

露草

别名｜

花蔓草、心叶冰花、太阳玫瑰、牡丹吊兰、食用穿心莲

特点

露草原产南非，是番杏科露草属多年生常绿蔓性肉质草本植物。因其枝蔓较柔软，伸长后呈半匍匐状，枝条下坠，看起来跟吊兰很像，所以一直被人们当做吊兰来养护。其叶片肥厚，叶色翠绿；花开在枝条顶端，呈玫红色；花期从春天延续至秋天，既可赏花又能观叶，是装饰客厅、窗台的绝好盆栽花卉之一。同时，露草作为一种新兴的食用蔬菜，逐渐被人们所接纳。

营养价值

露草含有丰富的维生素C、叶酸、胡萝卜素、钾、镁等，并含有很强的抗氧化剂——叶黄素，它对人体各个脏器有很好的保健作用，能够有效消除多余的自由基，对肝脏有非常好的保护作用，叶黄素还能够预防眼睛发生黄斑变性和降低白内障的几率。经常使用电脑、过度写作等用眼过度的人，食用露草对维持眼睛视力有不可低估的好处。露草含有穿心莲酯这个天然消炎和抗病毒成分，对流行的感冒、肺炎、咽喉炎、口角炎、高血压、胆囊炎都有预防和治疗作用。同时，它作为一种苦味蔬菜，可以败火。

烹饪小提示

露草的嫩茎叶有轻微苦味和土腥味，因此在烹饪时少不了姜、蒜、醋，选任何一、二种搭配制作菜肴，都会减轻苦味、土腥味。加醋有利于维生素C的保存和消化吸收。凉拌露草，用芝麻酱、姜末、醋、盐、味精、凉开水调成汁，把焯过水冷却的菜倒入拌均匀即可。还可以做汤、做馅，但是必须先焯水，去除草酸、土腥味。炒食时，翻炒时间要短，否则叶片会发黄。

种植方法

土壤 喜排水良好、疏松肥沃的沙壤土。

温度 喜温暖，生长适宜温度为15~25℃。忌高温，夏季最好放在干燥的室内。较耐寒，5℃以上可露地越冬。低于0℃时叶片会冻伤，因此需要采取保温措施，以避霜雪。盆栽的可移到向南的屋檐下。北方地区则应搬进温室或温棚内越冬。

阳光 喜光照，一年中除盛夏中午适当遮阴外，其他时间都应给予充足的光照。如果长时间放置在光线不足的地方，叶色很容易浅淡，缺乏生气，甚至叶片掉落。经过充足照射的植株花朵繁多，色泽艳丽。

水分 喜湿怕涝，每年的3~9月是生长旺期，要供应充足水分，还要注意盆内不能积水。9月过后，进入生长缓慢期，此时要逐渐减少浇水量，为挪入室内过冬做准备。

肥料 较喜肥，生长期和采收期还应根据生长情况追肥。

种植时间 露草开花后很少结子，多用扦插法繁殖，省时又简便。扦插以春季（4~6月）和秋季（8~9月）为佳。

种植步骤

1. 剪取7~10厘米的嫩枝作插穗，除去下部，扦插在黄沙中，扦插深度以2~3厘米为宜，扦插后浇足水。
2. 保持适当的湿度， 接受约50%~60%的

家中有一盆可爱的多肉植物，已经种了十几年，当初是一个花友送的一根枝条，连名字也不知道，就没理由地喜欢上了它。因为它那厚实的绿叶，因为它那艳丽的玫红花，还有它那不需要多加管理就能枝繁叶茂的好性格，于是它在我家长期落户。它的花期从春天延续至秋天，既可赏花又能观叶，是装饰客厅、窗台的绝好盆栽花卉之一。它的繁殖很简单，一般采用扦插法截取一根成熟的枝条，插入准备好的盆土中，放到阴凉通风处，保持土壤稍湿润，几天过后就能看到枝条挺立起来，这就说明新枝开始生根并生长，一发一大片，能充分满足你的视觉享受。

只到有一天看到徐晔春老师的一本书，才知道它的芳名叫冰花，后来又知道了它的很多别名，一个比一个牛，一个比一个美丽。露草、花蔓草、心叶冰花、牡丹吊兰、太阳玫瑰、法国吊兰、羊角吊兰、樱花吊兰都是它的名字。于是我选了一个我认为最美的名字——牡丹吊兰，因为它的飘逸像极了吊兰，而它的美丽足以跟牡丹媲美。

一天在踏花行论坛看到一个贴子说牡丹吊兰可以食用，并且又有了一个新名字 食用穿心莲。我这人对于能食用的东西兴趣很大，加上网友说中央台还有视频介绍，于是就点击查看。真是不看不知道，一看吓一跳，这东西还真能吃。

但是，食用穿心莲与中药穿心莲不是一回事，食用穿心莲，也是刚刚在菜市场流行，属于南方蔬菜，仔细端详，你还会发现食用穿心莲杆儿的断面上真的是有芯穿过，挺有意思的。放一片叶子在嘴里仔细慢嚼，没有太大异味，有一点青味，而药用那种穿心莲，刚入嘴就有苦味，只能作药用。

日照，约经30~40天可发根成苗。

3. 待根群生长旺盛后，可定植到大田和花盆中。土壤要施足基肥，定植穴行距为25厘米×30厘米，每穴2~3株。花盆种植，一个直径15厘米的花盆中定植3~5株。
4. 定植成活后加以摘心以促使分枝及开花，此时追肥一次。
4. 当嫩枝生长至20厘米以上时即可掐去嫩梢食用，采收时在基部留5厘米即可。每次采收后，都应结合浇水施追肥，并经常保持土壤湿润。

47

荆芥

别名｜

假苏、姜芥

特点

荆芥是一种具有特殊芳香的调味类蔬菜，与罗勒、紫苏同属于唇型花科，但是它们是三种完全不同的植物。多年生植物，茎强韧，基部木质化，多分枝，高40~100厘米，盛夏时节开花结果，花为淡紫色小花。

营养价值

荆芥富含芳香油，以叶片含量最高，其香气浓郁、味道鲜美，不但是上佳的调味品，还具有解表散风的作用，具有发汗、解热、镇痰、祛风、凉血之功效，常用于治疗流行感冒、头疼寒热、呕吐等病症。

烹饪小提示

荆芥是一种相当好的调味类蔬菜，做汤、做粥、做馅、煮面条，都可以加入荆芥，或者将它直接凉拌来吃，都很好吃。值得注意的是，荆芥不能与鱼类、螃蟹、河豚、驴肉同食，不然会导致食物中毒。

种植方法

土壤 土层深厚、潮湿、富含有机质的沙壤土，忌连作。

温度 喜温暖，较耐寒。种子发芽适温为15~20℃，生长适温为15~30℃。幼苗能耐0℃左右的低温，-2℃以下则会出现冻害。

光照 喜光，属不耐阴的植物。光照越足，对增产越有利。若光照不足，则叶色变黄，严重的会引起叶片脱落。

水分 耐旱怕涝。幼苗期应经常浇水，以利生长，荆芥进入生长期后，成株的抗旱能力增强，一般可不再进行浇灌。夏季久旱不雨，植株呈萎蔫状时应进行浇水。每次浇水不宜过大，应轻浇。荆芥最怕水涝，如雨水过多，应及时排掉田间积水，以免引起病害。

肥料 荆芥因为播种比较密，生长期施肥非常不便，所以土地选好后，应多施基肥，需氮肥较多，花果期适当追施施磷、钾肥。

种植时间 春、夏、秋三季均可种植，春播于3月~4月上旬；夏播于6~7月份；秋播于8~9月。

1. 将土地深耕25厘米左右，并施足基肥。
2. 按行距25厘米开0.6厘米深的浅沟。将种子用温水浸4~8小时后与三倍细沙拌匀，播种时将种子均匀撒于沟内，覆土填平，稍加镇压并浇透水。
3. 保持土壤湿润，约一周后出苗，注意保持土壤湿润。
4. 苗高6~7厘米时，按株距5厘米间苗，间下的嫩苗可以食用。
5. 苗高15厘米以上时，按株距15厘米间拔采收。
6. 荆芥最高能长到1米左右，花期6~8月，果期8~10月，花果期仍可采摘嫩叶和嫩梢。在深秋时节一次性收获完毕。

种植小提示

菜用荆芥从春到夏都可以播种，也可随时采收。但留种以春播的为佳。

荆芥全草可供药用，药用荆芥要当花穗上部分种子变褐色，顶端的花尚未落尽时，于晴天露水干后，齐地面割取或连根拔取全株，晒干，即为全荆芥，全荆芥以色绿茎粗、穗长而密者为佳。

秋季一次性收获前，在田间选择株壮、枝繁、穗多而密、又无病虫害的单株做种株。收种时间要比收获植株晚15~20天。当种子充分成熟、籽粒饱满、呈深褐色或棕褐色时采收，晾干脱粒，除杂，放置布袋中，悬挂于通风干燥处贮藏，等到来年种植。

别名 |
小茴香、怀香、席香、香丝菜

特点

茴香为伞形科多年生草本，常作一、二年生栽培。全株具特殊香辛味，表面有白粉。叶羽状分裂，裂片线形。夏季开黄色花，复伞形花序。果椭圆形，黄绿色，7~10月成熟。茴香原产欧洲地中海沿岸，我国各地普遍栽培，适应性较强。新鲜的茎叶具特殊香辛味，可作为蔬菜食用。种子是重要的香料，是烧鱼炖肉、制作卤制食品时的必用调味品。

营养价值

茴香含有蛋白质、脂肪、膳食纤维、矿物质、胡萝卜素以及挥发油（主要是茴香醚、茴香醛、茴香酸）等香味物质，是集药用、调味、食用、化妆于一身的多用植物。能温肾散寒、和胃理气，可帮助消化，帮助新陈代谢，具有止呕吐、消胃胀气、开胃，治疗膀胱炎之功效。

烹饪小提示

小茴香的茎叶具有香气，常被用来作包子、饺子等食品的馅料。种子是常见调味料，最适合拿来煮鱼，此外拿来烤面包、制作点心也非常适合，其刺激性的香气能人们带来食欲。叶子和种子可泡茶饮用，适当加入蜂蜜味道更好，能改善脾胃虚寒症状。种子加大麦茶冲泡，可增加奶水，适宜哺乳期的女性饮用。

种植方法

土壤 对土壤要求不严。一般土地均可种植，但在中等肥沃的沙壤土中生长较好。

温度 茴香性喜温暖，耐热、耐寒能力强，种子发芽的适宜温度为20~25℃，生长适宜温度为15~20℃，可耐-4℃低温和35℃高温。

光照 喜阳光充足的环境，光照越足，对增产越有利，且香味更浓郁。

水分 喜湿润，生长期需供应充足水分。怕涝，雨后要及时排水，否则生长不良。

肥料 施足基肥的情况下，可不用追肥或少追肥。以采收种子的为主的栽培，要控制氮肥的施用，如果土壤中含氮过多，茎叶易徒长，结果少，产量低。

种植时间 南方分春播（3~5月）和秋播（8~9月），北方只能春播。在南方茴香可宿根越冬，成为多年生植物。因此，在收果实后或春天幼芽萌动前，将根挖出，根据根丛大小，分成数株种植。分株繁殖结果早，但植株易老化，产量低，因此，一般不常采用。

1. 播种前最好先进行浸种催芽，方法是把种子浸泡24小时，然后用手将种子揉搓并淘洗数遍至水清为止，将湿种子包在湿布里，放在16~23℃下催芽，80%种子露白即可播种。
2. 将土里施足基肥，播前先浇底水，水渗下后均匀撒播，并覆土。
3. 播种后要注意勤浇小水，保持畦面湿润，7天左右即可出苗。
4. 幼苗出土后，生长缓慢，田间易滋生杂草，要注意及进除草，苗期不可过多浇水，可保持畦面间干间湿。
5. 苗高5厘米时，可结合除草间苗，苗距5~6厘米，当植株高达10厘米左右时，浇水宜勤，并结合浇水追肥一次。
6. 株高达25厘米左右时，即可收获。多次收获者，收割留茬，待新芽长出后，进行追肥，浇水，还可以收割2次。但夏季因天气炎热，采收的产品质量较差。茴香也可以多年生栽培，冬季需要一定的保护措施，以利越冬。

茴香的种植历史

茴香，俗称小茴香，是五香菜之首。因其种子能除肉中臭气，使之重新添香，故名“茴香”。茴香古名马芹子。《本草纲目》解释马芹子为野茴香。小茴香是古老的蔬菜之一，原产地中海沿岸和西亚一带。早在公元前20世纪，美索不达米亚的苏美尔人把茴香作为香料和药物种植，古埃及、罗马也把茴香作为香草、药草种植。我国梁代名医陶弘景著《本草经集注》里已经有了茴香的药用记载，说明茴香在梁代以前已传入我国，我国种植茴香已有1500多年的历史。

49

罗勒

别名|

九层塔、金不换、气香草、 矮糠、零陵香、光明子

特点

罗勒古名兰香，原生于亚洲热带区。株高60~70厘米，叶子呈椭圆尖状，是唇形花科一年生香草植物，全草有强烈的香味，香味很像丁香、松针之综合体。罗勒品种繁多，是一个庞大的家族。不同种的罗勒因外观各异或独特香气而得名。目前上市的有甜罗勒、紫罗勒、法莫罗勒、红骨九层塔、密生罗勒、丁香罗勒、柠檬罗勒等等。罗勒株型紧凑丰满，比较适合种植在花盆中，因其优雅迷人的的株型和特殊的芳香气息而引人注目，花多为簇生的浅紫色花，花期长达3个月，摆放在室内，不仅赏心悦目，而且还能够起到驱赶蚊虫的效果。

营养价值

罗勒的茎、叶及花穗含芳香油，主要用作调香原料。罗勒嫩叶可食，许多人将罗勒叶作为调味蔬菜，能辟腥气。嫩叶亦可泡茶饮用，有驱风、芳香、健胃及发汗作用。此外，罗勒还可作为中药使用，治疗跌打损伤和蛇虫咬伤。

烹饪小提示

罗勒是西餐中极常见的调味品，非常适合与番茄搭配，不论是做菜、熬汤还是做酱，风味都非常独特。可用作比萨饼、意粉酱、香肠、汤、番茄汁、淋汁和沙拉的调料。罗勒还可以和牛至、百里香、鼠尾草混合使用加在热狗、香肠、调味汁或比萨酱里，味道十分醇厚。许多意大利厨师常用罗勒来代替比萨草。罗勒还是泰式烹饪中常用的调料。

土壤 土层深厚、潮湿、富含有机质的壤土，忌连作。

温度 喜温暖环境，耐热但不耐寒。发芽适温15~25℃，最适宜生长温度为25~30℃。8~10℃就会停止生长，0℃左右全株逐渐枯萎。

光照 喜光，属不耐阴的植物。光照越足，对增产越有利。若光照不足，则叶色变黄，严重的会引起叶片脱落。

水分 耐旱怕涝。幼苗期应经常浇水，以利生长，进入生长期后，成株的抗旱能力增强，一般可不再进行浇灌。夏季久旱不雨，植株呈萎蔫状况时应进行浇水。每次浇水不宜过大，应轻浇。罗勒很怕水涝，如雨水过多，应及时排掉田间积水，以免引起病害。

肥料 以基肥为主，追肥为辅，生长期需氮肥较多，花果期适当追施磷、钾肥。

播种时间 南方3~4月播种，北方4月下旬至5月播种。

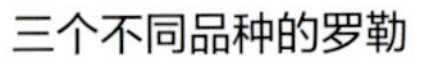
三个不同品种的罗勒

1. 将新鲜饱满的罗勒种子用50℃水浸泡20分钟，自然冷却后再浸泡10小时。
2. 捞出充分吸水的种子，洗去表面的黏液，沥至半干，将种子用湿毛巾或纱布包好，放在25℃左右的温度下进行催芽。
3. 大部分种子露白时，选择晴天的上午，将种子均匀撒在育苗碗里，然后盖上1厘米厚的土并浇透水。
4. 大概3天后，罗勒就会出苗。
5. 在苗高3~5厘米时进行间苗，并追肥一次。
6. 在苗高8厘米左右，可按照15/15厘米的行株距定植，也可定植在漂亮的花盆中，每盆定植1~3棵。
7. 定期摘除植株上的老叶、黄叶。开花前若有分枝徒长，则根据需要摘心。开花后就任其自由生长。
8. 株高15厘米以上即可不定期采摘嫩叶食用，但是要注意均匀采摘，不要只摘一边，罗勒花很美丽，尤其是紫罗勒，观赏价值较高。叶片可以一直采摘到种子成熟。

种植小提示

药用罗勒茎叶在7~8月采收，割取全草，晒干即可。

若需留种，则在8~9月种子成熟时收割全草，在太阳下晒两三天，打下种子筛去杂质即成。

50

叶用红薯

别名 |

红薯叶、苕尖、地瓜叶

特点

薯叶就是甘薯的嫩叶，甘薯又分为白薯、红薯和紫薯。其中，白薯、红薯为大众常见品种，紫薯较少见。薯叶是近几年才流行起来的高营养蔬菜品种，用薯叶制作的食品菜肴，甚至摆上了酒店、饭馆的餐桌，俨然成为现代人的美食佳选。一般家庭种植，都以收获薯叶为主，所以选用茎叶发达，生长迅速的品种最佳。叶用红薯正是专门食用嫩茎叶的红薯品种，其枝叶萌发快，且口感比传统薯叶更嫩滑。而且其叶边缘有缺刻，株型优美，收获蔬菜的同时还能摆放在家中作为绿植欣赏。

营养价值

薯叶在香港乃至全世界被誉为“蔬菜皇后”“长寿蔬菜”及“抗癌蔬菜”，亚洲蔬菜研究中心已将红薯叶列为高营养蔬菜品种。它的大部分营养含量比菠菜、芹菜等还要高很多，特别是类胡萝卜素比普通胡萝卜高3倍，比鲜玉米、芋头等高600多倍。常食薯叶有提高免疫力、止血、降糖、解毒、防治夜盲症等保健功能。薯叶可使肌肤变光滑，经常食用有预防便秘、保护视力的作用，还能保持皮肤细腻、延缓衰老。

烹饪小提示

叶用红薯的叶子翠绿鲜嫩、爽口，吃法很多。选取鲜嫩的叶尖，开水烫熟后，用香油、酱油、醋、辣椒油、芥末、姜汁等调料，制成凉拌菜，其外观嫩绿，能令人胃口大开。还可将红薯叶同肉丝一起爆炒，食之清香甘甜，别有风味。此外，还可将红薯叶烧汤，或在熬粥时放入。也可加盐将其制成咸菜、小菜，佐餐食用。

种植方法

土壤 土层深厚、潮湿、富含有机质的沙壤土。

温度 叶用红薯喜暖怕冷，低温对其生长有害，当气温降到15℃，就停止生长，低于9℃，薯块将逐渐受冷害而腐烂；在18~32℃范围内，温度越高，薯叶生长速度越快，超过35℃则对生长不利。

光照 喜光，属不耐阴的植物。光照越足，对增产越有利。若光照不足，则叶色变黄，严重的会引起叶片脱落。

水分 较耐旱，但土壤过干会导致嫩叶纤维较多而影响口感，因此3~5天浇一次水为宜。

肥料 腐熟有机肥。

种植时间 每年4~5月

种植步骤

1. 选适合当地种植的优良种薯2~3个，要求大小均匀，外皮光滑，无冻害和病虫害。
2. 选择20厘米高的容器，上足底肥，放上育苗土，浇透水，待水全部下渗后，将种薯头朝上放入盆内，覆土2厘米。
3. 播种后10天左右出苗。
4. 20天后，薯叶已经长成很大一蓬，在接得到露水和雨水的地方，几乎可以不用特别浇水，若阳台是封闭式，则3~5天要浇水一次。
5. 薯叶进入旺盛的生长期后，需要追施一次腐熟的有机肥。
6. 薯藤长达30厘米以上时，选晴好天气上午摘心，此时可以收获薯叶用于食用，一般只采摘10厘米左右的嫩梢。
7. 薯叶可以多次收获，直至霜降，霜降后挖取地下的块茎，就是甘薯。叶用红薯的养分多集中在茎叶上，因此块茎的产量不高。

达人经验 如何用薯叶打造美丽绿植?

薯叶的叶形较大，呈心形或枫叶形，叶色碧绿，茎有绿色和紫色之分。其分支较多，一般能达到10根以上。枝条长到一定长度，就会抽出薯蔓，弯曲垂下，摇曳多姿，别有一番韵味。盆栽薯叶的具体造型方法如下：

1. 先用一个育苗钵种植1~2个甘薯，让其发芽长大，注意施以充足的肥水，让它枝繁叶茂。
2. 当薯叶越来越茂密，株型开始变得散乱时，用大约1尺高的棍子或竹竿设立支架，尽量让支架隐藏在茂密的叶片中，不影响整体美观。
3. 当顶端已经抽出纤细弯曲的藤蔓时，就要把薯叶移栽到比较高的花盆中。
4. 定植成活后及时摘除老黄叶及破损折断的枝叶，及时梳理枝条，让它们均匀分布，从各个方向垂下，微风吹过，枝条随风轻摆，就像一席绿色的“瀑布”。

三种缺刻深度不同的薯叶

种植小提示

薯叶的苗期比较长，种植比较麻烦，有条件的朋友可以直接在附近农民手里购买甘薯秧回家扦插。具体扦插方法是剪下长15厘米的段，留3~5片叶，秧苗埋土5~7厘米深，地上露3~4片叶，栽秧后浇足水。

扦插后若天气较热，则需要每天浇水，一周后检查成活情况，及时补插。全部成活后，可以进行正常管理和收获。

APPENDIX 附录

50例新特蔬菜种植要点一览表

品种	生态习性	繁殖方法	种植季节
荠菜	耐寒、喜光、耐旱	播种	2~4月或7~10月
胡葱	耐寒、喜光、怕涝	鳞茎种植或分株	7~9月
马兰头	耐寒、耐热、怕涝	分株	3~4月或9~10月
蒲公英	抗寒、耐热、喜水	播种	3~10月
马齿苋	喜温、喜湿、喜肥	播种	2~8月
水芹菜	喜凉、怕热、喜水	扦插	3~4月或9~10月
野苋菜	耐热、喜光、耐旱	播种	3~4月或7~8月
野泥蒿	喜凉、喜光、喜湿	播种	3月上旬
		分株	5月上中旬
		扦插	6月上旬~8月
灰灰菜	喜温、怕冷、喜湿	播种	3~5月或8~9月
青葙	喜温、怕冷、喜湿	播种	3~4月
紫背菜	喜温、耐阴、喜湿	扦插	4~6月或9~11月
富贵菜	喜温、耐阴、怕涝	扦插	3~5月或9~10月
土人参	喜温、耐阴、怕涝	播种	2~5月
鱼腥草	喜温、耐阴、喜湿	地下根茎繁殖	3~4月
		分株	4月下旬
景天三七	喜温、喜光、耐旱	扦插	3~5月或8~9月
紫苏	喜温、喜光、耐湿	播种	3~4月
薄荷	喜温、耐寒、喜光	分株	全年，春秋最佳
益母草	喜温、喜光、怕涝	播种	3~10月，4~6月最佳
车前草	喜温、喜光、耐旱	播种	3~4月或9~10月
黄秋葵	喜温、喜光、怕涝	播种	4~6月
冬寒菜	抗寒、喜光、耐旱	播种	3~5月或8~10月
黄灯笼椒	喜温、喜光、怕涝	播种	3~5月或8~9月
胭脂萝卜	耐寒、耐肥	播种	北方6~7月，南方8~9月
黄菇娘	喜温、喜光、喜水	播种	3月下旬~4月上旬
苦菊	喜凉、中等光照	播种	3~5月或8~10月

续表

品种	生态习性	繁殖方法	种植季节
黄心乌	喜凉、喜光、喜湿	播种	8~9月
芝麻菜	喜温、喜光、喜湿	播种	3~5月或8~10月
泡泡青	喜凉、喜光、耐旱	播种	9月下旬至10月上旬
京水菜	喜凉、喜光、喜湿	播种	8~10月
红菜薹	耐寒、喜光、怕旱	播种	8~10月
南瓜椒	喜温、喜光、怕涝	播种	北方4~5月，南方3~4月 或8~9月
微型南瓜	喜温、喜光、耐旱	播种	南方2~5月或7~8月， 北方3~4月
杨花萝卜	喜凉、喜光、怕旱	播种	3~5月或8~10月
香蕉西葫芦	喜温、怕热、喜湿	播种	4~5月或8~9月
白茄	喜温、怕冻、怕旱	播种	1~3月
白马王子黄瓜	喜温、怕旱、怕涝	播种	3月上旬或7月下旬至8月上旬
五彩番茄	喜温、喜光、半耐旱	播种	3~5月
草莓玉米	喜温、喜光、喜水	播种	4~6月
荷兰豆	喜凉、喜光、喜湿	播种	10月下旬至11月中旬或 2月下旬至3月上旬
无架扁豆	喜温、耐阴、耐旱	播种	3~5月或8~9月
黄花	喜温、喜光、喜湿	分株	9月下旬至2月底
红筋芥菜	喜凉、喜光、喜湿	播种	8~10月
紫生菜	喜凉、喜光、喜湿	播种	2~3月或8~11月
紫油麦菜	喜凉、怕热、耐阴	播种	1~4月或8月
紫包菜	半耐旱、怕强光	播种	12~3月
露草	喜温、喜光、怕涝	扦插	4~6月或8~9月
荆芥	喜温、喜光、耐旱	播种	3~4月或6~9月
茴香	喜温、喜光、喜湿	播种	3~5月或8~9月
罗勒	喜温、喜光、耐旱	播种	南方3~4月，北方4月下旬至5月
叶用红薯	怕冷、喜光、耐旱	播种	4~5月

图书在版编目（CIP）数据

最受欢迎的家庭新特蔬菜种植50例 / 赵晶主编. —
北京：中国农业出版社，2016.1
（园艺·家）
ISBN 978-7-109-21400-2

Ⅰ. ①最… Ⅱ. ①赵… Ⅲ. ①蔬菜园艺 Ⅳ. ①S63

中国版本图书馆CIP数据核字(2016)第001065号

中国农业出版社出版
（北京市朝阳区麦子店街18号楼）
（邮政编码100125）
责任编辑　黄　曦

北京中科印刷有限公司印刷　新华书店北京发行所发行
2016年2月第1版　2016年2月北京第1次印刷

开本：710mm × 1000mm　1/16　印张：15.75
字数：350千字
定价：58.00元
（凡本版图书出现印刷、装订错误，请向出版社发行部调换）